El Mundo del Álgebra: Desde los Enteros hasta los Complejos

Introducción al álgebra

Ricardo Javier Cortés Salazar

A mi familia y a mi novia.

Índice general

Introducción

El álgebra es una de las ramas fundamentales de las matemáticas que desempeña un papel crucial en la vida cotidiana y en el desarrollo de habilidades matemáticas esenciales. Este libro tiene como objetivo proporcionar a estudiantes de secundaria y preparatoria una sólida base en álgebra, preparándolos para abordar conceptos matemáticos más avanzados y aplicaciones en diversas disciplinas.

En este primer capítulo, exploraremos los fundamentos del álgebra, desde los números enteros y las operaciones básicas hasta la notación algebraica y las propiedades de los números reales. A lo largo del libro, abordaremos gradualmente conceptos más complejos y desafiantes, brindando ejemplos prácticos y ejercicios que permitirán a los estudiantes desarrollar sus habilidades algebraicas de manera efectiva.

Nuestro enfoque se basa en la comprensión conceptual, fomentando la resolución de problemas y la aplicación del álgebra en situaciones del mundo real. Estamos seguros de que este libro será una herramienta valiosa para estudiantes, maestros y cualquier persona que desee mejorar su comprensión del álgebra.

Capítulo 1

Fundamentos del Álgebra

En este primer capítulo, nos sumergiremos en los fundamentos del álgebra, un área fundamental de las matemáticas que es esencial para desarrollar habilidades matemáticas sólidas. Empezaremos desde los conceptos más básicos y avanzaremos gradualmente hacia temas más complejos.

1.1. Números Enteros y Operaciones Básicas

Para entender el álgebra, es crucial comprender los números enteros y las operaciones básicas con ellos. Comencemos por definir los números enteros:

$$\mathbb{Z} = \{\ldots, -3, -2, -1, 0, 1, 2, 3, \ldots\}$$

Los números enteros incluyen números positivos, negativos y el cero. Ahora, veamos las operaciones básicas en más detalle:

1.1.1. Suma y Resta

La suma y resta de números enteros se realizan de la siguiente manera:

$$2 + 3 = 5$$
$$5 - 2 = 3$$

Es importante comprender que la suma de dos números enteros puede dar como resultado otro número entero o, en el caso de una resta, también puede resultar en un número entero.

1.1.2. Multiplicación y División

La multiplicación y división de números enteros se realizan de la siguiente manera:

$$4 \cdot (-3) = -12$$
$$\frac{12}{4} = 3$$

En la multiplicación, un número entero multiplicado por otro puede dar como resultado un número positivo o negativo, dependiendo de los signos de los factores. La división de números enteros puede dar como resultado una fracción, un número entero o un número negativo.

1.2. Notación Algebraica y Propiedades de los Números Reales

La notación algebraica es esencial en álgebra y permite representar expresiones matemáticas de manera más general. Aquí presentamos algunas notaciones comunes:

- Utilizamos letras como x, y y z para representar números desconocidos o variables.

- Los números conocidos se mantienen como números reales, como 3 o $\frac{1}{2}$.

Por ejemplo, la expresión $3x + 2y = 7$ representa una ecuación en dos variables, donde x y y son números desconocidos que debemos encontrar.

Además, es fundamental comprender algunas propiedades de los números reales:

1.2.1. Propiedades de la Suma y la Multiplicación

Las propiedades de la suma y la multiplicación son reglas que se aplican a los números reales:

- **Conmutatividad de la Suma:** $a + b = b + a$

- **Conmutatividad de la Multiplicación:** $a \cdot b = b \cdot a$

- **Asociatividad de la Suma:** $(a+b)+c = a+(b+c)$

- **Asociatividad de la Multiplicación:** $(a \cdot b) \cdot c = a \cdot (b \cdot c)$

Estas propiedades son útiles en la simplificación de expresiones y en la resolución de ecuaciones.

1.2.2. Propiedad Distributiva

La propiedad distributiva es fundamental en álgebra y se expresa como:

$$a \cdot (b + c) = a \cdot b + a \cdot c$$

Esta propiedad es especialmente útil al expandir expresiones algebraicas y al factorizar.

1.3. Ejercicios de Práctica

Para fortalecer tus conocimientos en los fundamentos del álgebra, aquí tienes algunos ejercicios para practicar:

1. Realiza las siguientes operaciones:

a) $5 + (-7)$

b) $-3 - 8$

c) $4 \cdot (-2)$

d) $(-6) \cdot 3$

e) $\frac{12}{3}$

f) $\frac{9}{(-3)}$

2. Escribe una expresión algebraica que represente la siguiente situación: ."El doble de un número desconocido aumentado en 5 es igual a 15."

3. Aplica la propiedad distributiva para simplificar la siguiente expresión: $3 \cdot (2x - 4)$.

4. Resuelve la ecuación $2x - 3 = 7$ para encontrar el valor de x.

5. Utiliza la conmutatividad de la suma para reorganizar

1.4. Resumen

En este primer capítulo, hemos sentado las bases para el estudio del álgebra. Hemos explorado los números enteros, las operaciones básicas, la notación algebraica y las propiedades de los números reales. Estos conceptos son esenciales para comprender y resolver ecuaciones algebraicas y trabajar con funciones matemáticas.

Capítulo 2

Ecuaciones y desigualdades

En este segundo capítulo, nos sumergiremos en el fascinante mundo de las ecuaciones y desigualdades. Aprenderemos a resolver ecuaciones lineales y cuadráticas, representar gráficamente ecuaciones e inecuaciones, y abordar sistemas de ecuaciones lineales.

2.1. Resolución de Ecuaciones Lineales

Las ecuaciones lineales son fundamentales en el álgebra y se presentan en muchas disciplinas. Una ecuación lineal se ve así:

$$ax + b = c$$

Para resolver ecuaciones lineales, seguiremos estos pasos:

1. Aislar la variable x en un lado de la ecuación.

2. Realizar operaciones para despejar x.

3. Encontrar el valor de x.

A continuación, veremos ejemplos concretos de resolución de ecuaciones lineales.

2.1.1. Ejemplos

Supongamos que tenemos la siguiente ecuación lineal:

$$3x + 5 = 11$$

Para resolverla, seguimos estos pasos:

$$
\begin{aligned}
3x + 5 &= 11 \\
3x &= 11 - 5 \\
3x &= 6 \\
x &= \frac{6}{3} \\
x &= 2
\end{aligned}
$$

Así que la solución de la ecuación es $x = 2$.

2.1.2. Ejercicios de Práctica

A continuación, te presento algunos ejercicios para que practiques la resolución de ecuaciones lineales:

1. Resuelve la ecuación: $3x - 5 = 10$.

2. Encuentra el valor de y en la ecuación: $2(y - 4) = 8$.

3. ¿Cuál es el valor de a en la ecuación: $7a + 9 = 30$?

Recuerda aplicar las propiedades del álgebra que aprendiste en el Capítulo 1.

En las siguientes secciones de este capítulo, abordaremos la resolución de ecuaciones cuadráticas y la representación gráfica de ecuaciones e inecuaciones. Estos conceptos son esenciales para el desarrollo de habilidades matemáticas en álgebra.

2.2. Resolución de Ecuaciones Cuadráticas

Las ecuaciones cuadráticas son un concepto fundamental en álgebra y se expresan en la forma general:

$$ax^2 + bx + c = 0$$

Donde a, b, y c son coeficientes conocidos y x es la variable que deseamos encontrar. La resolución de ecuaciones cuadráticas a menudo implica el uso de la fórmula cuadrática:

$$x = \frac{-b \pm \sqrt{b^2 - 4ac}}{2a}$$

Esta fórmula permite encontrar las soluciones reales de la ecuación cuadrática. Examinemos más ejemplos para comprender su aplicación:

2.2.1. Ejemplos

2.2.2. Ejemplo 1

Resolvamos la ecuación cuadrática: $x^2 - 5x + 6 = 0$.

Aquí, $a = 1$, $b = -5$, y $c = 6$. Aplicamos la fórmula cuadrática:

$$x = \frac{-(-5) \pm \sqrt{(-5)^2 - 4 \cdot 1 \cdot 6}}{2 \cdot 1}$$
$$x = \frac{5 \pm \sqrt{1}}{2}$$

Las soluciones son $x = 3$ y $x = 2$.

2.2.3. Ejemplo 2

Resolvamos la ecuación cuadrática: $2x^2 + 3x - 2 = 0$.

En este caso, $a = 2$, $b = 3$, y $c = -2$. Aplicamos la fórmula cuadrática nuevamente:

$$x = \frac{-3 \pm \sqrt{3^2 - 4 \cdot 2 \cdot (-2)}}{2 \cdot 2}$$
$$x = \frac{-3 \pm \sqrt{25}}{4}$$

Las soluciones son $x = 1$ y $x = -\frac{2}{2}$, que es igual a $x = -1$.

2.2.4. Ejemplo 3

Finalmente, resolvamos la ecuación cuadrática: $3x^2 + 4x + 1 = 0$.

Aquí, $a = 3$, $b = 4$, y $c = 1$. Aplicamos la fórmula cuadrática una vez más:

$$x = \frac{-4 \pm \sqrt{4^2 - 4 \cdot 3 \cdot 1}}{2 \cdot 3}$$
$$x = \frac{-4 \pm \sqrt{16 - 12}}{6}$$

Las soluciones son $x = -\frac{1}{3}$ y $x = -1$.

2.2.5. Ejercicios de Práctica

A continuación, te presento algunos ejercicios adicionales para que practiques la resolución de ecuaciones cuadráticas:

1. Resuelve la ecuación cuadrática: $x^2 - 8x + 15 = 0$. 2. Encuentra las soluciones de la ecuación cuadrática: $4x^2 - 4x - 3 = 0$. 3. ¿Cuáles son las raíces de la ecuación cuadrática: $2x^2 + 5x + 2 = 0$?

La resolución de ecuaciones cuadráticas es un concepto fundamental y te preparará para abordar una amplia variedad de problemas en matemáticas y ciencias. Recuerda que la fórmula cuadrática es una herramienta poderosa para encontrar soluciones reales.

En la siguiente sección, exploraremos la representación gráfica de ecuaciones e inecuaciones, lo que te permitirá visualizar soluciones y relaciones entre variables de manera efectiva.

2.3. Gráficos de Ecuaciones e Inecuaciones

La representación gráfica de ecuaciones e inecuaciones es una herramienta poderosa para visualizar soluciones y relaciones entre variables. Esto es fundamental en el álgebra y la matemática en general.

2.3.1. Gráficos de Ecuaciones Lineales

Las ecuaciones lineales se pueden representar gráficamente en un plano cartesiano. Una ecuación lineal en dos variables, como $y = mx + b$, define una línea en el plano. Aquí, m es la pendiente y b es la ordenada al origen.

Por ejemplo, si tenemos la ecuación $y = 2x + 1$, podemos graficarla en el plano cartesiano dibujando una línea con una pendiente de 2 que pasa por el punto $(0, 1)$.

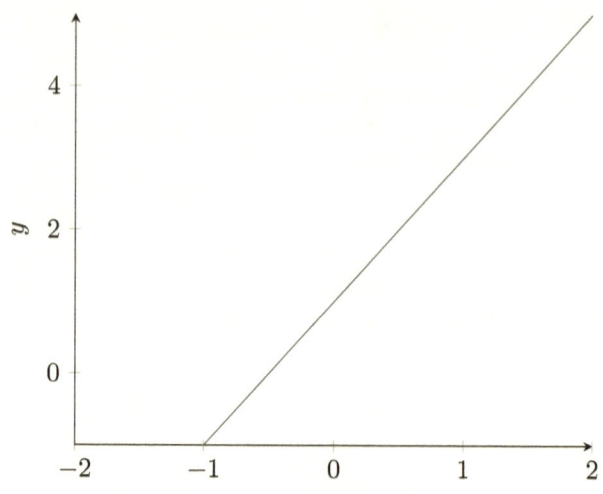

2.3.2.   Gráficos de Ecuaciones Cuadráticas

Las ecuaciones cuadráticas, como $y = ax^2 + bx + c$, representan parábolas en el plano cartesiano. La forma de la parábola depende de los coeficientes a, b, y c. Si $a > 0$, la parábola se abre hacia arriba; si $a < 0$, se abre hacia abajo.

Por ejemplo, la ecuación $y = x^2$ representa una parábola que se abre hacia arriba y pasa por el origen $(0, 0)$.

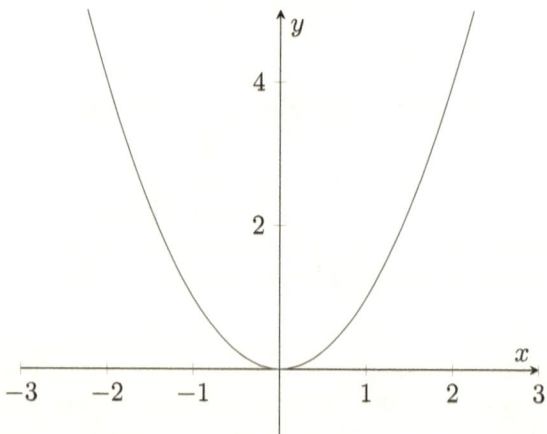

2.3.3. Gráficos de Inecuaciones

Las inecuaciones, como $y \leq mx + b$, también se pueden representar gráficamente. La región sombreada debajo de la línea representa todas las soluciones que cumplen con la inecuación. Por ejemplo, la inecuación $y \leq 2x + 1$ se representa sombreando la región bajo la línea $y = 2x + 1$ en el plano cartesiano.

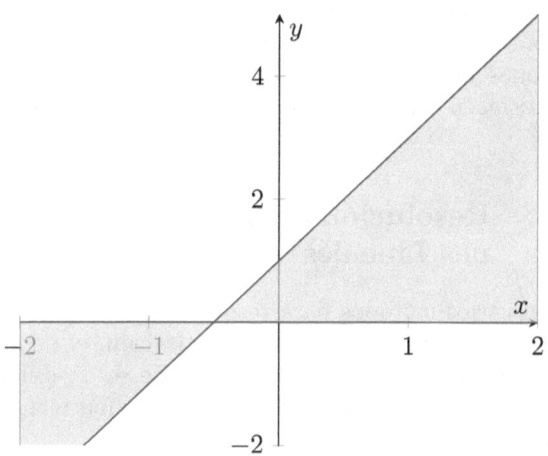

2.3.4. Ejercicios de Práctica

A continuación, te presento algunos ejercicios para practicar la representación gráfica de ecuaciones e inecuaciones:

1. Grafica la ecuación lineal: $y = -3x + 2$ en el plano cartesiano. 2. Representa gráficamente la ecuación cuadrática: $y = x^2 - 4$. 3. Sombrea la región que satisface la inecuación: $y \geq 2x - 3$.

La representación gráfica es una habilidad valiosa que te ayudará a comprender mejor las relaciones entre variables y a visualizar soluciones de ecuaciones e inecuaciones.

En la siguiente sección, profundizaremos en la resolución de sistemas de ecuaciones lineales, lo que te permitirá abordar problemas más complejos con múltiples variables.

2.4.   Sistemas de Ecuaciones Lineales

Un sistema de ecuaciones lineales es un conjunto de dos o más ecuaciones, cada una de las cuales es lineal, lo que significa que las variables se elevan a la primera potencia y no se multiplican ni dividen entre sí. Estos sistemas se utilizan comúnmente para modelar situaciones en las que varias cantidades están interrelacionadas. Resolver un sistema de ecuaciones implica encontrar los valores de las variables que satisfacen todas las ecuaciones simultáneamente.

2.4.1.   Resolución de Sistemas de Ecuaciones Lineales

Existen varios métodos para resolver sistemas de ecuaciones lineales, como el método de sustitución, el método de eliminación y el método de matrices. En esta sección, nos centraremos en el método de eliminación, una técnica ampliamente utilizada.

El método de eliminación consiste en transformar el sistema de ecuaciones de tal manera que una de las variables se elimina cuando las ecuaciones se suman o restan entre sí. A continuación, exploraremos este método en detalle con ejemplos.

2.4.2.   Método de Eliminación

El método de eliminación se basa en la idea de que si dos ecuaciones tienen la misma variable con coeficientes opuestos, al sumarlas o restarlas, esa variable se cancelará, lo que facilita la resolución del sistema.

Supongamos que tenemos el siguiente sistema de ecuaciones:

$$2x + 3y = 7$$
$$4x - 2y = 2$$

El objetivo es eliminar una de las variables para resolver el sistema. Observamos que si multiplicamos la primera ecuación por 2 y la segunda ecuación por 3, obtendremos coeficientes opuestos para y:

$$2(2x + 3y) = 2(7)$$
$$3(4x - 2y) = 3(2)$$

Esto nos lleva a:

$$4x + 6y = 14$$
$$12x - 6y = 6$$

Ahora, al sumar estas ecuaciones, la variable y se cancela:

$$(4x + 6y) + (12x - 6y) = 14 + 6$$
$$16x = 20$$
$$x = \frac{20}{16}$$
$$x = \frac{5}{4}$$

Una vez que hemos encontrado el valor de x, podemos sustituirlo en una de las ecuaciones originales para hallar el valor de y.

2.4.3. Ejemplo Detallado

Resolvamos un sistema de ecuaciones lineales paso a paso. Supongamos que tenemos el siguiente sistema:

$$2x + 3y = 11$$
$$4x - 2y = 6$$

Paso 1: Identificar las variables y sus coeficientes. En este caso, tenemos las variables x e y con coeficientes 2, 3, 4 y -2.

Paso 2: Aplicar el método de eliminación. Para que la variable y se elimine al sumar las ecuaciones, necesitamos que los coeficientes de y en ambas ecuaciones sean iguales en magnitud pero opuestos en signo. Para lograr esto, multiplicamos la primera ecuación por 2 y la segunda por 3:

$$2(2x + 3y) = 2(11)$$
$$3(4x - 2y) = 3(6)$$

Esto nos lleva a:

$$4x + 6y = 22$$
$$12x - 6y = 18$$

Paso 3: Sumar las ecuaciones. Al sumar las ecuaciones, la variable y se cancela:

$$(4x + 6y) + (12x - 6y) = 22 + 18$$
$$16x = 40$$

Paso 4: Resolver para x:

$$16x = 40$$
$$x = \frac{40}{16}$$
$$x = \frac{10}{4}$$
$$x = \frac{5}{2}$$

Hemos encontrado el valor de x. Ahora, podemos sustituirlo en una de las ecuaciones originales para hallar y. Usemos la primera ecuación:

$$2x + 3y = 11$$
$$2\left(\frac{5}{2}\right) + 3y = 11$$
$$5 + 3y = 11$$

Paso 5: Resolver para y:

$$5 + 3y = 11$$
$$3y = 11 - 5$$
$$3y = 6$$
$$y = \frac{6}{3}$$
$$y = 2$$

Hemos encontrado el valor de y. Por lo tanto, la solución del sistema de ecuaciones es $x = \frac{5}{2}$ y $y = 2$.

Ejercicios de Práctica

Ahora, te presento algunos ejercicios adicionales para que practiques la resolución de sistemas de ecuaciones lineales utilizando el método de eliminación:

1. Resuelve el siguiente sistema de ecuaciones:

$$3x + 2y = 10$$
$$4x - 5y = 9$$

2. Encuentra las soluciones del sistema:

$$2x + 3y = 14$$
$$6x + 5y = 32$$

3. Resuelve el sistema de ecuaciones:

$$x - y = 2$$
$$2x + 3y = 7$$

La resolución de sistemas de ecuaciones lineales es una habilidad valiosa en matemáticas y se aplica en una amplia variedad de situaciones del mundo real. Practicar con diferentes sistemas te ayudará a perfeccionar tus habilidades en este importante concepto.

2.5. Desigualdades y su Representación Gráfica

Hasta ahora, hemos explorado ecuaciones en detalle. Ahora, es el momento de introducir el concepto de desigualdades, que es fundamental para comprender restricciones y límites en matemáticas y en la vida cotidiana.

2.5.1. Desigualdades Lineales

Una desigualdad lineal es una declaración que una expresión algebraica es mayor, menor o igual a otra. Se expresan de la siguiente manera:

$$ax + by > c$$

Por ejemplo, $2x + 3y \leq 8$ es una desigualdad lineal. La solución de esta desigualdad incluye todos los puntos (x, y) que hacen que la expresión $2x + 3y$ sea menor o igual a 8.

2.5.2. Representación Gráfica de Desigualdades

La representación gráfica de desigualdades es una forma efectiva de visualizar soluciones. En un plano cartesiano, la solución a una desigualdad se encuentra en la región que cumple con la condición.

Por ejemplo, si tenemos la desigualdad $2x + 3y \leq 8$, podemos representarla gráficamente sombreando la región bajo la línea $2x + 3y = 8$ en el plano cartesiano.

2.5.3. Ejemplos de Desigualdades

Veamos ejemplos de cómo representar desigualdades gráficamente:

1. $x + y \leq 4$: Esta desigualdad se representa sombreando la región bajo la línea $x + y = 4$ en el plano.

2. $3x - 2y > 6$: Para esta desigualdad, sombrearíamos la región sobre la línea $3x - 2y = 6$.

3. $y \geq 2x - 1$: Esta vez, sombrearíamos la región sobre la línea $y = 2x - 1$ en el plano.

2.5.4. Ejercicios de Práctica

A continuación, te presento ejercicios para practicar la representación gráfica de desigualdades:

1. Representa gráficamente la desigualdad: $2x - 3y \geq 6$. 2. Sombrea la región que satisface la desigualdad: $y < 2x + 3$. 3. Representa gráficamente la desigualdad: $4x + y > 5$.

La representación gráfica de desigualdades es esencial para comprender conceptos como regiones factibles en optimización y restricciones en sistemas de ecuaciones.

2.6. Sistemas de Desigualdades

Así como hemos explorado sistemas de ecuaciones lineales, también podemos trabajar con sistemas de desigualdades. Un sistema de desigualdades consta de dos o más desigualdades y su resolución implica encontrar regiones que satisfagan todas las condiciones.

2.6.1. Resolución de Sistemas de Desigualdades

Resolver un sistema de desigualdades es similar a resolver un sistema de ecuaciones, pero en lugar de encontrar puntos específicos, determinamos regiones que cumplen con todas las desigualdades simultáneamente. Las soluciones suelen estar representadas por un conjunto de puntos en un plano cartesiano.

2.6.2. Ejemplo de Sistema de Desigualdades

Supongamos que tenemos el siguiente sistema de desigualdades:

$$y \leq 2x + 1$$
$$y \geq -x + 3$$

Para resolver este sistema, primero encontramos las soluciones para cada desigualdad de manera individual.

1. La desigualdad $y \leq 2x + 1$ se representa gráficamente sombreando la región bajo la línea $2x + 1$. Esto incluye todos los puntos en esa región.

2. La desigualdad $y \geq -x + 3$ se representa gráficamente sombreando la región sobre la línea $-x + 3$. Esto incluye todos los puntos en esa región.

La solución del sistema de desigualdades es la región donde ambas áreas sombreadas se superponen.

2.6.3. Ejercicios de Práctica

Aquí tienes ejercicios para practicar la resolución de sistemas de desigualdades:

1. Resuelve el siguiente sistema de desigualdades:

$$y \leq x + 2$$
$$y \geq -2x - 1$$

2. Encuentra las soluciones del sistema de desigualdades:

$$y \leq 2x + 4$$
$$y \geq -x + 2$$

3. Resuelve el sistema de desigualdades:

$$y \leq 3x + 1$$
$$y \geq 2x - 2$$

La resolución de sistemas de desigualdades es esencial en situaciones donde necesitas encontrar áreas que cumplan con múltiples restricciones. Practicar con diferentes sistemas te ayudará a comprender y aplicar este concepto en contextos más complejos.

2.7. Inecuaciones Cuadráticas

En esta sección, exploraremos inecuaciones cuadráticas, que involucran expresiones con términos cuadráticos. Comprender y resolver inecuaciones cuadráticas es fundamental, ya que estas desigualdades se utilizan en una variedad de aplicaciones matemáticas y científicas.

2.7.1. Inecuaciones Cuadráticas Básicas

Una inecuación cuadrática se presenta en la forma general:

$$ax^2 + bx + c > 0$$

En este tipo de inecuaciones, nuestro objetivo es encontrar los valores de x que hacen que la expresión $ax^2 + bx + c$ sea mayor que cero. Esto puede aplicarse a situaciones donde queremos determinar los rangos de valores de una variable que satisfacen una condición dada.

2.7.2. Resolución de Inecuaciones Cuadráticas

La resolución de inecuaciones cuadráticas implica identificar los intervalos en los que la expresión cuadrática es positiva. Esto se hace encontrando las raíces de la ecuación cuadrática asociada $ax^2 + bx + c = 0$.

Para encontrar las raíces de la ecuación cuadrática, podemos utilizar la factorización, la fórmula cuadrática o completar el cuadrado, dependiendo de la complejidad de la ecuación.

Supongamos que las raíces de la ecuación cuadrática son x_1 y x_2. Entonces, la inecuación cuadrática $ax^2 + bx + c > 0$ será verdadera para valores de x que estén fuera de los intervalos $x_1 < x < x_2$.

2.7.3. Ejemplo de Inecuación Cuadrática

Vamos a ilustrar cómo resolver una inecuación cuadrática mediante un ejemplo:

Supongamos que tenemos la inecuación cuadrática:

$$x^2 - 3x - 4 > 0$$

Para encontrar los intervalos en los que esta inecuación es verdadera, primero encontramos las raíces de la ecuación cuadrática asociada $x^2 - 3x - 4 = 0$. Podemos hacerlo usando la fórmula cuadrática:

$$x = \frac{-b \pm \sqrt{b^2 - 4ac}}{2a}$$
$$x = \frac{3 \pm \sqrt{(-3)^2 - 4(1)(-4)}}{2(1)}$$

Calculamos las raíces y obtenemos $x_1 = -1$ y $x_2 = 4$.

Por lo tanto, la inecuación cuadrática es verdadera para valores de x que están fuera de los intervalos $-1 < x < 4$. Es decir, x es mayor que 4 o menor que -1 para que la expresión $x^2 - 3x - 4$ sea mayor que cero.

2.7.4. Ejercicios de Práctica

Para afianzar el entendimiento de las inecuaciones cuadráticas, aquí tienes ejercicios para practicar:

1. Resuelve la inecuación cuadrática: $x^2 - 6x + 9 > 0$. Encuentra los intervalos donde es verdadera.

2. Determina los intervalos en los que la inecuación cuadrática $x^2 + 4x - 5 > 0$ es verdadera.

3. Resuelve la inecuación cuadrática: $2x^2 + 3x - 2 > 0$. Encuentra los intervalos donde se cumple.

La habilidad de resolver inecuaciones cuadráticas es crucial en la modelación de diversas situaciones en matemáticas, física e ingeniería. La práctica con diferentes inecuaciones te ayudará a aplicar este concepto en una variedad de contextos.

2.8. Desigualdades Cuadráticas y su Representación Gráfica

Después de explorar inecuaciones cuadráticas, avanzamos hacia el estudio de desigualdades cuadráticas. Las desigualdades cuadráticas involucran términos cuadráticos y proporcionan una forma de modelar restricciones y límites en una variedad de aplicaciones matemáticas y científicas.

2.8.1. Desigualdades Cuadráticas Básicas

Una desigualdad cuadrática se presenta en la forma general:

$$ax^2 + bx + c \leq 0$$

En este tipo de desigualdades, estamos interesados en encontrar los valores de x que hacen que la expresión $ax^2 + bx + c$ sea menor o igual a cero. Esto se aplica a situaciones donde queremos determinar los rangos de valores de una variable que satisfacen una condición dada.

2.8.2. Resolución de Desigualdades Cuadráticas

Resolver desigualdades cuadráticas implica identificar los intervalos en los que la expresión cuadrática es menor o igual a cero. Al igual que con inecuaciones cuadráticas, las raíces de la ecuación cuadrática asociada $ax^2 + bx + c = 0$ desempeñan un papel crucial.

Si las raíces son x_1 y x_2, entonces la desigualdad cuadrática $ax^2 + bx + c \leq 0$ es verdadera para valores de x en el intervalo $x_1 \leq x \leq x_2$.

2.8.3. Representación Gráfica de Desigualdades Cuadráticas

Una forma efectiva de visualizar soluciones de desigualdades cuadráticas es mediante su representación gráfica en un plano cartesiano. La solución de la desigualdad es la región que satisface la condición.

Por ejemplo, si tenemos la desigualdad cuadrática $x^2 - 4x - 5 \leq 0$, podemos representarla gráficamente sombreando la región bajo la curva $x^2 - 4x - 5$ en el plano cartesiano.

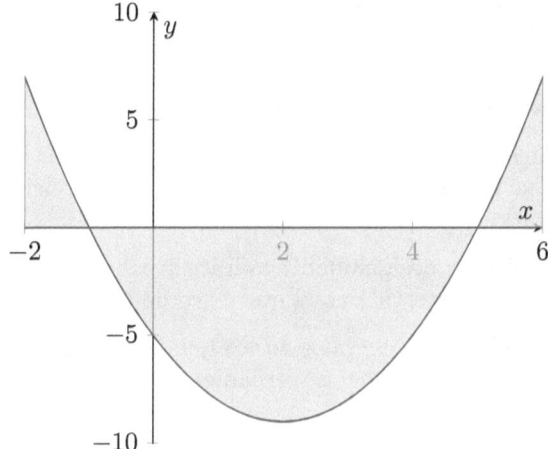

2.8.4. Ejemplo de Desigualdad Cuadrática

Ilustremos cómo resolver una desigualdad cuadrática con un ejemplo:

Supongamos que tenemos la desigualdad cuadrática:

$$x^2 - 4x - 5 \leq 0$$

Para encontrar los intervalos en los que esta desigualdad es verdadera, primero encontramos las raíces de la ecuación cuadrática asociada $x^2 - 4x - 5 = 0$. Usando la fórmula cuadrática, calculamos:

$$x = \frac{-b \pm \sqrt{b^2 - 4ac}}{2a}$$

$$x = \frac{4 \pm \sqrt{4^2 - 4(1)(-5)}}{2(1)}$$

Esto nos lleva a las raíces $x_1 = -1$ y $x_2 = 5$.

Por lo tanto, la desigualdad cuadrática es verdadera en el intervalo $-1 \leq x \leq 5$. Esto significa que los valores de x que hacen que $x^2 - 4x - 5$ sea menor o igual a cero se encuentran en este intervalo.

2.8.5. Ejercicios de Práctica

Para afianzar el conocimiento sobre desigualdades cuadráticas y su representación gráfica, aquí tienes ejercicios para practicar:

1. Resuelve la desigualdad cuadrática: $x^2 - 6x + 9 \leq 0$. Encuentra el intervalo en el que es verdadera.

2. Determina los intervalos en los que la desigualdad cuadrática $x^2 + 4x - 5 \leq 0$ es verdadera.

3. Resuelve la desigualdad cuadrática: $2x^2 + 3x - 2 \leq 0$. Encuentra el intervalo donde se cumple.

La capacidad de resolver desigualdades cuadráticas es esencial en la modelación de restricciones y límites en matemáticas, física y ciencias

2.9. Sistemas de Inecuaciones Cuadráticas

Así como hemos explorado sistemas de ecuaciones e inecuaciones lineales, ahora avanzamos hacia sistemas de inecuaciones cuadráticas. Estos sistemas son fundamentales para comprender restricciones y límites en situaciones matemáticas y científicas más complejas.

2.9.1. Resolución de Sistemas de Inecuaciones Cuadráticas

Resolver un sistema de inecuaciones cuadráticas implica encontrar las regiones que cumplen con todas las inecuaciones simultáneamente. Similar al caso de sistemas lineales, estamos interesados en los puntos que satisfacen todas las restricciones.

Para resolver estos sistemas, generalmente, se identifican las regiones que cumplen con cada inecuación individualmente y luego se encuentra la intersección de estas regiones.

2.9.2. Ejemplo de Sistema de Inecuaciones Cuadráticas

Ilustremos cómo resolver un sistema de inecuaciones cuadráticas mediante un ejemplo:

Supongamos que tenemos el siguiente sistema de inecuaciones cuadráticas:

$$x^2 - 4x - 5 \geq 0$$
$$2x^2 + 4x - 8 \leq 0$$

Primero, encontramos los intervalos donde cada inecuación es verdadera.

1. Para la primera inecuación, $x^2 - 4x - 5 \geq 0$, hemos encontrado previamente que es verdadera en $-1 \leq x \leq 5$.

2. Para la segunda inecuación, $2x^2 + 4x - 8 \leq 0$, encontramos los intervalos donde es verdadera utilizando técnicas similares.

Ahora, para encontrar el conjunto de soluciones del sistema, buscamos la intersección de los intervalos que satisfacen ambas inecuaciones. En este caso, la intersección es $-1 \leq x \leq 5$.

Por lo tanto, el conjunto de soluciones para el sistema es $-1 \leq x \leq 5$.

2.9.3. Ejercicios de Práctica

Para afianzar el conocimiento sobre sistemas de inecuaciones cuadráticas, aquí tienes ejercicios para practicar:

1. Resuelve el siguiente sistema de inecuaciones cuadráticas:

$$x^2 - 3x - 2 \geq 0$$
$$x^2 + 2x - 8 \leq 0$$

2. Encuentra las soluciones del sistema de inecuaciones cuadráticas:

$$x^2 - 4x - 4 \geq 0$$
$$2x^2 + 6x + 4 \leq 0$$

3. Resuelve el sistema de inecuaciones cuadráticas:

$$x^2 - 5x + 6 \geq 0$$
$$3x^2 - 12x + 12 \leq 0$$

La habilidad de resolver sistemas de inecuaciones cuadráticas es crucial en la modelación de situaciones más complejas en matemáticas, física y ciencias. La práctica con diferentes sistemas te ayudará a comprender y aplicar este concepto en contextos diversos.

2.10. Propiedades de las Desigualdades

Antes de concluir este capítulo, es importante destacar algunas propiedades fundamentales relacionadas con las desigualdades. Estas propiedades te ayudarán a comprender mejor cómo funcionan las desigualdades en matemáticas y cómo se pueden utilizar en diversas aplicaciones.

2.10.1. Propiedades de las Desigualdades

1. **Transitividad**: Si $a < b$ y $b < c$, entonces $a < c$. En otras palabras, si un número es menor que otro y ese otro es menor que un tercero, entonces el primero es menor que el tercero.

2. **Suma de Constantes**: Si $a < b$, entonces $a + c < b + c$, donde c es una constante. Lo mismo se aplica a la resta: si $a < b$, entonces $a - c < b - c$.

3. **Multiplicación por Constantes Positivas**: Si $a < b$ y $c > 0$, entonces $ac < bc$. En otras palabras, multiplicar ambos lados de una desigualdad por una constante positiva no cambia la dirección de la desigualdad.

4. **Multiplicación por Constantes Negativas**: Si $a < b$ y $c < 0$, entonces $ac > bc$. Multiplicar ambos lados de una desigualdad por una constante negativa invierte la dirección de la desigualdad.

5. **Reciprocidad**: Si $a < b$ y ambos son positivos, entonces $\frac{1}{b} < \frac{1}{a}$. Sin embargo, si $a < b$ y ambos son negativos, entonces $\frac{1}{b} > \frac{1}{a}$.

6. **Producto de Desigualdades**: Si $a < b$ y $c < d$, entonces $ac < bd$. Es decir, el producto de dos desigualdades también es una desigualdad.

2.11. Resumen

En este capítulo, hemos explorado una variedad de conceptos relacionados con las ecuaciones, inecuaciones y desigualdades. Aquí hay un resumen de lo que hemos aprendido:

1. **Resolución de Ecuaciones**: Aprendimos a resolver ecuaciones lineales y cuadráticas, encontrando los valores de las variables que hacen que la ecuación sea verdadera.

2. **Representación Gráfica de Ecuaciones e Inecuaciones**: Exploramos cómo graficar ecuaciones e inecuaciones en el plano cartesiano para visualizar soluciones.

3. **Sistemas de Ecuaciones e Inecuaciones**: Estudiamos cómo resolver sistemas de ecuaciones e inecuaciones, lo que nos permite modelar situaciones con múltiples restricciones.

4. **Inecuaciones Cuadráticas**: Introdujimos inecuaciones cuadráticas y su resolución, identificando los intervalos en los que son verdaderas.

5. **Desigualdades Cuadráticas**: Exploramos desigualdades cuadráticas y su representación gráfica, así como la resolución de sistemas de desigualdades.

6. **Propiedades de las Desigualdades**: Destacamos propiedades importantes relacionadas con las desigualdades que son útiles en el análisis matemático.

Estos conceptos son fundamentales en matemáticas y tienen aplicaciones en una amplia gama de disciplinas. ¡Esperamos que este capítulo haya fortalecido tu comprensión de álgebra y te haya preparado para abordar problemas más complejos en el futuro!

Capítulo 3

Polinomios y Factores

En este nuevo capítulo, exploraremos un área fundamental del álgebra: los polinomios y sus factores. Los polinomios son expresiones algebraicas compuestas por términos con exponentes enteros no negativos. Comprender su manipulación y factorización es esencial en muchas áreas de las matemáticas y la ciencia.

3.1. Operaciones con Polinomios

Empecemos por aprender cómo realizar operaciones básicas con polinomios. Estas operaciones incluyen la suma, la resta, la multiplicación y la división de polinomios.

3.1.1. Suma y Resta de Polinomios

La suma y la resta de polinomios se realizan término a término. Es importante agrupar los términos semejantes antes de llevar a cabo estas operaciones. Por ejemplo:

$$(3x^2 + 2x - 1) + (2x^2 - 4x + 3) = 5x^2 - 2x + 2$$

$$(3x^3 - 2x^2 + 5x - 1) - (x^3 + 4x^2 - x + 3) = 2x^3 - 6x^2 + 6x - 4$$

3.1.2. Multiplicación de Polinomios

La multiplicación de polinomios implica distribuir cada término de un polinomio sobre los términos del otro polinomio. El uso de la propiedad distributiva es fundamental para realizar esta operación. Por ejemplo:

$$(2x + 1)(3x - 4) = 6x^2 - 5x - 4$$

$$(4x^2 - 2x + 5)(x^2 + 3x - 2) = 4x^4 + 10x^3 - 7x^2 + 4x - 10$$

3.1.3. División de Polinomios

La división de polinomios es una operación más compleja que involucra encontrar el cociente y el residuo cuando se divide un polinomio entre otro. El Teorema del Factor y la División Sintética son herramientas importantes para realizar esta operación. Por ejemplo:

$$\frac{3x^3 - 4x^2 + 2x - 7}{x - 2} = 3x^2 - 2x + 4 - \frac{15}{x - 2}$$

$$\frac{2x^4 - 5x^3 + 3x^2 - 4x + 1}{x - 3} = 2x^3 + x^2 + 6x + 14 + \frac{43}{x - 3}$$

3.2. Teorema del Factor y División Sintética

El Teorema del Factor establece que si un polinomio $P(x)$ tiene una raíz a, entonces $(x - a)$ es un factor de $P(x)$. La División Sintética es un método para encontrar el cociente y el residuo de la división de un polinomio por un binomio de la forma $(x - a)$. Veamos un ejemplo:

Supongamos que queremos dividir el polinomio $4x^3 - 3x^2 - 5x + 2$ entre $(x - 2)$. Aplicando la División Sintética, obtenemos:

$$
\begin{array}{r|rrrr}
2 & 4 & -3 & -5 & 2 \\
  &   & 8 & 10 & 10 \\
\hline
\end{array}
$$

Por lo tanto, el cociente es $4x^2 + 5x + 10$ y el residuo es 10.

3.3. Teorema del Residuo

El Teorema del Residuo establece que si dividimos un polinomio $P(x)$ por un binomio $(x - a)$, el residuo es igual a $P(a)$. Esto es útil para evaluar polinomios en un punto dado.

3.3.1. Ejemplos

Si tenemos el polinomio $2x^3 - 5x^2 + 3x - 4$ y queremos encontrar el residuo cuando se divide por $(x-3)$, evaluamos el polinomio en $x = 3$:

$$
\begin{aligned}
P(3) &= 2(3)^3 - 5(3)^2 + 3(3) - 4 \\
     &= 2(27) - 5(9) + 9 - 4 \\
     &= 54 - 45 + 9 - 4 \\
     &= 14
\end{aligned}
$$

Por lo tanto, el residuo es 14.

3.4. Ejercicios de Práctica

Para consolidar tu comprensión de los polinomios y las operaciones con ellos, aquí tienes algunos ejercicios de práctica:

1. Realiza la suma y la resta de los siguientes polinomios:

$$(2x^2 + 3x - 4) + (x^2 - 2x + 1)$$

$$(3x^3 - 2x^2 + 5x - 1) - (x^3 + 4x^2 - x + 3)$$

2. Multiplica los siguientes polinomios:

$$(2x - 3)(3x + 1)$$

$$(4x^2 - 2x + 5)(x^2 + 3x - 2)$$

3. Realiza la división de polinomios utilizando la División Sintética:

$$\frac{3x^3 - 4x^2 + 2x - 7}{x - 2}$$

$$\frac{2x^4 - 5x^3 + 3x^2 - 4x + 1}{x - 3}$$

Estos ejercicios te ayudarán a aplicar los conceptos que has aprendido sobre polinomios y operaciones con ellos.

3.5.   Binomio de Newton

El "Binomio de Newton.[es] un concepto fundamental en el álgebra y la teoría de polinomios. Fue desarrollado por el matemático británico Isaac Newton y el matemático suizo Leonhard Euler. El binomio de Newton es una fórmula que nos permite expandir rápidamente una expresión de la forma $(a + b)^n$, donde .[a]z "b"son números o variables, y "n.[es] un número natural. La fórmula se ve de la siguiente manera:

$$(a + b)^n = \sum_{k=0}^{n} \binom{n}{k} a^{n-k} b^k$$

Donde:

- $(a+b)^n$ representa la expresión que queremos expandir.

- $\binom{n}{k}$ es el coeficiente binomial que se calcula como $\binom{n}{k} = \frac{n!}{k!(n-k)!}$, donde "n!representa el factorial de "n."

- "k.^{es} un número entero que varía desde 0 hasta "n."

- a^{n-k} representa la potencia de .ª."

- b^k representa la potencia de "b."

La fórmula del binomio de Newton nos permite encontrar los términos individuales de la expansión de $(a + b)^n$ de manera eficiente, evitando tener que expandir la expresión paso a paso.

3.5.1. Coeficientes Binomiales

Uno de los componentes clave de la fórmula del binomio de Newton son los coeficientes binomiales $(\binom{n}{k})$. Estos coeficientes determinan la cantidad de veces que aparece cada término en la expansión. Se calculan como:

$$\binom{n}{k} = \frac{n!}{k!(n-k)!}$$

Donde "n!representa el factorial de "n..^{Es}tos coeficientes son simétricos, lo que significa que $\binom{n}{k} = \binom{n}{n-k}$.

3.5.2. Ejemplo

Calculemos algunos coeficientes binomiales:

- $\binom{4}{0} = 1$

- $\binom{4}{1} = 4$

- $\binom{4}{2} = 6$

- $\binom{4}{3} = 4$

- $\binom{4}{4} = 1$

3.5.3. Expansión de Polinomios

La fórmula del binomio de Newton se utiliza para expandir polinomios de la forma $(a + b)^n$. A continuación, veremos ejemplos de cómo aplicar esta fórmula para expandir tales polinomios.

3.5.4. Ejemplo

Supongamos que deseamos expandir la expresión $(x + y)^4$ utilizando la fórmula del binomio de Newton:

$$(x+y)^4 = \binom{4}{0}x^4y^0 + \binom{4}{1}x^3y^1 + \binom{4}{2}x^2y^2 + \binom{4}{3}x^1y^3 + \binom{4}{4}x^0y^4$$

Calculamos los coeficientes binomiales y simplificamos los términos:

$\binom{4}{0} = 1$, $\binom{4}{1} = 4$, $\binom{4}{2} = 6$, $\binom{4}{3} = 4$, $\binom{4}{4} = 1$,

Finalmente, simplificamos los términos:

$$x^4 + 4x^3y + 6x^2y^2 + 4xy^3 + y^4$$

Entonces, la expansión de $(x + y)^4$ es igual a $x^4 + 4x^3y + 6x^2y^2 + 4xy^3 + y^4$.

3.5.5. Usos y Aplicaciones

El binomio de Newton tiene muchas aplicaciones en matemáticas y ciencias, incluyendo la estadística, la teoría de probabilidad y la geometría. Se utiliza para expandir polinomios, calcular probabilidades, y resolver ecuaciones en diversas disciplinas.

3.5.6. Ejercicios de Práctica

Para fortalecer tu comprensión del binomio de Newton, aquí tienes algunos ejercicios de práctica:

1. Expande la expresión $(a + b)^5$ utilizando la fórmula del binomio de Newton.

2. Encuentra los coeficientes binomiales para $\binom{6}{0}$, $\binom{6}{2}$ y $\binom{6}{4}$.

3. Utiliza la expansión del binomio de Newton para encontrar el término cuadrático en la expansión de $(x + 2y)^3$.

4. Supongamos que quieres expandir la expresión $(p - q)^6$. Encuentra el quinto término en la expansión.

Estos ejercicios te ayudarán a desarrollar tus habilidades en la aplicación del binomio de Newton.

3.6. Binomio de Newton Generalizado

El binomio de Newton generalizado es una extensión de la fórmula del binomio de Newton que permite expandir polinomios de la forma $(a + b + c + \ldots)^n$. La fórmula generalizada es más compleja pero sigue el mismo principio, con coeficientes binomiales que reflejan las combinaciones posibles de términos. La fórmula es la siguiente:

$$(a + b + c + \ldots)^n = \sum \binom{n}{k_1, k_2, \ldots, k_m} a^{k_1} b^{k_2} c^{k_3} \ldots$$

Donde:

- $k_1, k_2, k_3, \ldots$ son números enteros no negativos que suman a "n."

- $\binom{n}{k_1, k_2, \ldots, k_m}$ es el coeficiente multinomial que se calcula como $\binom{n}{k_1, k_2, \ldots, k_m} = \frac{n!}{k_1! k_2! \ldots k_m!}$.

La fórmula generalizada del binomio de Newton se aplica de manera similar a la fórmula original, pero considerando múltiples términos.

3.6.1. Ejemplo

Supongamos que deseamos expandir la expresión $(x + y + z)^3$ utilizando el binomio de Newton generalizado:

$$(x + y + z)^3 = \sum \binom{3}{k_1, k_2, k_3} x^{k_1} y^{k_2} z^{k_3}$$

Para "n = 3,"los coeficientes multinomiales son:

$\binom{3}{3,0,0} = 1 \ \binom{3}{2,1,0} = 3 \ \binom{3}{1,2,0} = 3 \ \binom{3}{1,1,1} = 6$

Simplificamos los términos:

$$x^3 + 3x^2 y + 3xy^2 + z^3 + 6x^2 z + 6y^2 z + 9xyz$$

Entonces, la expansión de $(x+y+z)^3$ es igual a $x^3 + 3x^2 y + 3xy^2 + z^3 + 6x^2 z + 6y^2 z + 9xyz$.

La fórmula generalizada del binomio de Newton se aplica en casos donde hay más de dos términos en la expresión.

3.6.2. Ejercicios de Práctica del Binomio de Newton Generalizado

Para practicar el uso del binomio de Newton generalizado, aquí tienes algunos ejercicios:

1. Expande la expresión $(a + b + c)^4$ utilizando el binomio de Newton generalizado.

2. Encuentra los coeficientes multinomiales para $\binom{5}{2,2,1}$ y $\binom{5}{1,1,3}$.

3. Utiliza la expansión del binomio de Newton generalizado para encontrar el término cúbico en la expansión de $(p + q + r)^5$.

4. Supongamos que quieres expandir la expresión $(x + y + z + w)^2$. Encuentra todos los términos de la expansión.

Estos ejercicios te ayudarán a comprender y aplicar la fórmula generalizada del binomio de Newton.

3.7. Factorización de Polinomios

La factorización de polinomios es un proceso clave en el álgebra que nos permite expresar un polinomio como un producto de polinomios más simples o irreducibles. Esta descomposición es útil para simplificar expresiones, resolver ecuaciones y entender mejor las propiedades de las funciones polinómicas.

3.7.1. Factorización de Polinomios Cuadrados Perfectos

Un polinomio cuadrado perfecto es el cuadrado de un binomio, es decir, $a^2 - 2ab + b^2 = (a - b)^2$. Al factorizar un polinomio cuadrado perfecto, debes reconocerlo como el cuadrado de un binomio y expresarlo de esa manera. Por ejemplo:

Supongamos que tenemos el polinomio x^2+6x+9. Podemos notar que es el cuadrado de $(x + 3)$, ya que $(x + 3)^2 = x^2 + 6x + 9$. Por lo tanto, su factorización es:

$$x^2 + 6x + 9 = (x + 3)^2$$

La factorización de polinomios cuadrados perfectos se basa en la identificación de patrones y puede simplificar ecuaciones cuadráticas.

Ejemplo de Factorización de Cuadrado Perfecto

Factoricemos el polinomio $x^2 + 10x + 25$:

$$x^2 + 10x + 25 = (x + 5)^2$$

Aquí, hemos reconocido que es el cuadrado de $(x + 5)$.

3.7.2. Factorización de Polinomios de la Forma $a^2 - b^2$

Los polinomios de la forma $a^2 - b^2$ pueden factorizarse como la diferencia de cuadrados. Esto se basa en la identificación de una resta de cuadrados, lo que nos permite expresar el polinomio como un producto de dos binomios. Por ejemplo:

Supongamos que tenemos el polinomio $x^2 - 16$. Podemos factorizarlo como $(x + 4)(x - 4)$, ya que es la diferencia de los cuadrados de x y 4.

$$x^2 - 16 = (x + 4)(x - 4)$$

Ejemplo de Factorización de Diferencia de Cuadrados

Factoricemos el polinomio $y^2 - 9$:

$$y^2 - 9 = (y + 3)(y - 3)$$

Aquí, hemos identificado que es la diferencia de los cuadrados de y y 3.

3.7.3. Factorización de Polinomios de Grado Mayor

Factorizar polinomios de grado mayor a menudo implica buscar raíces y factores comunes. Una estrategia común es utilizar el Teorema del Factor para encontrar raíces del polinomio, lo que facilita su factorización. Por ejemplo:

Supongamos que tenemos el polinomio $x^3 - 8$. Podemos observar que $x = 2$ es una raíz de este polinomio, ya que $2^3 - 8 = 0$. Usando el Teorema del Factor, podemos factorizarlo como:

$$x^3 - 8 = (x - 2)(x^2 + 2x + 4)$$

Aquí, hemos utilizado la división sintética para encontrar que $(x - 2)$ es un factor y luego dividimos el polinomio por $(x - 2)$ para encontrar el factor cuadrático $(x^2 + 2x + 4)$.

Ejemplo de Factorización con Raíces

Factoricemos el polinomio $y^3 - 27$:

Primero, notamos que $y = 3$ es una raíz, ya que $3^3 - 27 = 0$. Aplicamos el Teorema del Factor y la división sintética:

$$y^3 - 27 = (y - 3)(y^2 + 3y + 9)$$

Aquí, hemos encontrado que $(y - 3)$ es un factor y el cociente resultante es $(y^2 + 3y + 9)$.

3.7.4. Ejercicios de Factorización

La factorización de polinomios es una habilidad esencial en álgebra. Aquí tienes ejercicios de práctica para fortalecer tu comprensión:

1. Factoriza el siguiente polinomio cuadrado perfecto: $a^2 + 8a + 16$.

2. Factoriza el polinomio de la forma $a^2 - 36$.

3. Encuentra todas las raíces del polinomio $x^3 - 27$ y factorízalo.

4. Factoriza el siguiente polinomio de tercer grado: $2x^3 - 11x^2 + 12x - 6$.

Estos ejercicios te ayudarán a desarrollar tus habilidades de factorización y aplicar los conceptos que has aprendido.

3.8. Resumen

En este capítulo, hemos explorado la factorización de polinomios, incluyendo polinomios cuadrados perfectos, diferencias de cuadrados y polinomios de grado mayor. La factorización es una herramienta esencial en álgebra que simplifica expresiones y permite encontrar soluciones a ecuaciones. Hemos aplicado el Teorema del Factor para identificar raíces y factores comunes, lo que facilita el proceso de factorización.

El conocimiento sobre polinomios y su factorización es fundamental en matemáticas y tiene aplicaciones en una variedad de campos.

Capítulo 4

Funciones

En este capítulo, exploraremos un concepto fundamental en matemáticas: las funciones. Las funciones son una parte esencial del álgebra y se utilizan para modelar relaciones entre variables, realizar cálculos y resolver una variedad de problemas matemáticos y científicos.

4.1. Definición y Representación de Funciones

Una función es una relación matemática que asigna a cada elemento de un conjunto de entrada (dominio) exactamente un elemento en un conjunto de salida (codominio). Esto significa que para cada valor de entrada, hay un único valor de salida. Las funciones se representan típicamente mediante una notación de la forma $f(x)$, donde f es el nombre de la función y x es el valor de entrada.

Las funciones pueden ser clasificadas de acuerdo con su dominio y codominio. Algunas funciones tienen dominios restringidos debido a limitaciones físicas o matemáticas, mientras que otras pueden tener dominios que son todos los números reales.

Por ejemplo, consideremos la función $f(x) = 2x + 3$. Para cada valor de x en su dominio, la función produce un valor único. Si evaluamos $f(2)$, obtenemos $2(2) + 3 = 7$. La notación $f(2)$ indica que estamos evaluando la función f en $x = 2$.

Las funciones se pueden representar gráficamente en un plano cartesiano, donde el eje horizontal representa el dominio y el eje vertical representa el codominio. El gráfico de una función es una representación visual de cómo los valores de entrada se relacionan con los valores de salida.

Ejemplo de Función Lineal

Consideremos la función lineal $f(x) = 3x - 1$. Su gráfico es una línea recta con una pendiente de 3 y cruza el eje y en $(0, -1)$. Por cada unidad adicional en x, y aumenta en 3 unidades. El gráfico es una línea recta que se extiende hacia el infinito en ambas direcciones.

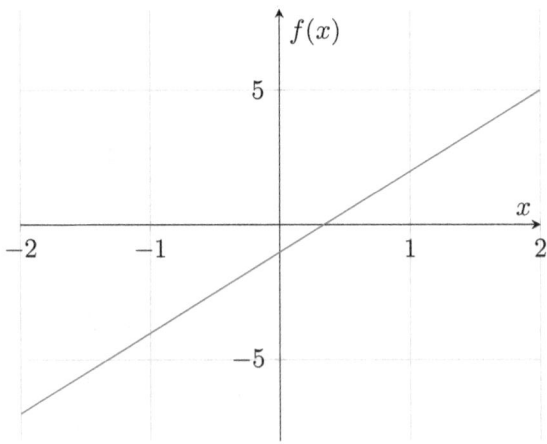

4.1.1. Dominio y Codominio

El dominio de una función es el conjunto de todos los posibles valores de entrada, mientras que el codominio es el conjunto de todos los posibles valores de salida. Es esencial comprender estos conceptos, ya que determinan la aplicabilidad y el rango de una función.

Al considerar la función $f(x) = \sqrt{x}$, el dominio está restringido a valores no negativos, ya que la raíz cuadrada de un número negativo no es un número real. El codominio podría ser el conjunto de números reales no negativos.

4.1.2. Inyectividad y Sobrejectividad

Dos propiedades importantes de las funciones son la inyectividad y la sobrejectividad. Una función es inyectiva (o uno a uno) si asigna valores distintos de entrada a valores distintos de salida. Por otro lado, una función es sobreyectiva si cada valor del codominio tiene al menos un valor correspondiente en el dominio.

Es crucial comprender estas propiedades, ya que proporcionan información importante sobre cómo la función se relaciona con su dominio y codominio.

4.1.3. Funciones Biyección

Una función que es tanto inyectiva como sobreyectiva se llama función biyectiva. Las funciones biyectivas tienen la propiedad de que para cada valor en el dominio, hay un único valor correspondiente en el codominio, y viceversa. Estas funciones tienen una inversa, que es otra función que deshace la operación de la función original. La inversa de una función biyectiva se denota típicamente como $f^{-1}(x)$.

4.2. Funciones Lineales y Cuadráticas

Existen varios tipos de funciones, pero en este capítulo nos centraremos en dos tipos fundamentales: las funciones lineales y las funciones cuadráticas.

4.2.1. Funciones Lineales

Una función lineal tiene la forma $f(x) = mx + b$, donde m es la pendiente de la recta y b es la ordenada al origen. La pendiente m representa la tasa de cambio de la función, es decir, cuánto cambia y por unidad de cambio en x. El término b indica dónde la línea cruza el eje y.

Las funciones lineales son esenciales en muchas aplicaciones del mundo real, ya que modelan relaciones proporcionales y tasas de cambio constantes.

Ejemplo de Función Lineal

Consideremos la función lineal $f(x) = 2x + 1$. Su gráfico es una línea recta que pasa por el punto $(0, 1)$ y tiene una pendiente de 2. Esto significa que por cada unidad adicional en x, y aumenta en 2 unidades.

4.2.2. Funciones Cuadráticas

Las funciones cuadráticas tienen la forma $f(x) = ax^2 + bx + c$, donde a, b y c son coeficientes. Estas funciones tienen un gráfico en forma de parábola y pueden abrir hacia arriba o hacia abajo, dependiendo del valor de a. La constante c es el término independiente y determina la posición vertical de la parábola.

Las funciones cuadráticas son fundamentales para modelar fenómenos cuadráticos en la física, la ingeniería y otras disciplinas científicas.

Ejemplo de Función Cuadrática

Consideremos la función cuadrática $f(x) = x^2 - 4x + 3$. Su gráfico es una parábola que se abre hacia arriba y cruza el eje x en los puntos $(1, 0)$ y $(3, 0)$.

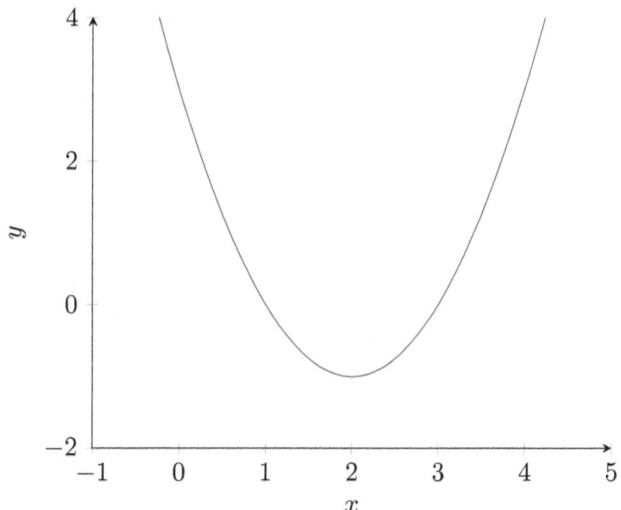

En el siguiente capítulo abordaremos más a fondo respecto a las funciones cuadráticas

4.3. Composición de Funciones

La composición de funciones es una operación que combina dos o más funciones para formar una nueva función. Esto se logra evaluando una función dentro de otra función. La notación para la composición de funciones es $(f \circ g)(x)$, que se lee como "f compuesta con g".

Por ejemplo, si tenemos dos funciones $f(x) = 2x$ y $g(x) = x + 3$, la composición de funciones $(f \circ g)(x)$ se calcula evaluando primero $g(x)$ y luego utilizando ese resultado como entrada para $f(x)$. En este caso:

$$(f \circ g)(x) = f(g(x)) = 2(x + 3) = 2x + 6$$

La composición de funciones es útil para combinar operaciones y modelar relaciones más complejas entre variables.

4.3.1. Ejemplo de Composición de Funciones

Supongamos que tenemos dos funciones: $f(x) = 2x$ y $g(x) = x^2$. Calculamos la composición de funciones $(f \circ g)(x)$ de la siguiente manera:

$$(f \circ g)(x) = f(g(x)) = 2(x^2) = 2x^2$$

La composición de funciones se utiliza en situaciones donde una función depende de otra, lo que permite representar relaciones más complejas.

4.4. Ejercicios de Práctica

Para fortalecer tu comprensión de funciones, aquí tienes ejemplos y ejercicios adicionales:

1. Define una función $h(x)$ que tome un número real x y devuelva su valor absoluto. Luego, grafica esta función.

$$h(x) = |x|$$

2. Escribe una función cuadrática $g(x)$ que tenga un vértice en el punto $(3, -2)$ y se abra hacia arriba.

$$g(x) = a(x - 3)^2 - 2$$

Donde a determina la apertura de la parábola.

3. Compón dos funciones $f(x)$ y $g(x)$ de tu elección y calcula $(f \circ g)(x)$. Luego, gráfica $(f \circ g)(x)$.

4. Escribe una función $p(x)$ que represente el área de un cuadrado en función de su lado x. Luego, compón $p(x)$ con la función de tu elección y encuentra $(p \circ f)(x)$.

$$p(x) = x^2$$

5. Define una función exponencial $q(x)$ de la forma $q(x) = a^x$, donde a es una constante. Grafica la función exponencial y describe cómo cambia su comportamiento a medida que varía a.

Estos ejercicios adicionales te ayudarán a profundizar en tus habilidades para trabajar con funciones y composición de funciones.

4.5. Teorema del Valor Intermedio

El Teorema del Valor Intermedio es un resultado importante en el análisis de funciones continuas. Afirma que si una función $f(x)$ es continua en un intervalo cerrado $[a, b]$ y K es un número entre $f(a)$ y $f(b)$, entonces existe al menos un número c en el intervalo $[a, b]$ tal que $f(c) = K$. En otras palabras, la función toma todos los valores intermedios entre $f(a)$ y $f(b)$.

Este teorema es fundamental en cálculo y análisis, y se utiliza para demostrar la existencia de raíces de ecuaciones, entre otras aplicaciones.

4.6. Notación Funcional

La notación funcional es una forma de representar matemáticamente funciones. Además de la notación $f(x)$, las funciones también pueden ser denotadas como $y = f(x)$, donde y representa la variable de salida. Esta notación se utiliza comúnmente en el contexto de gráficos y ecuaciones.

4.7. Funciones Trigonométricas

Las funciones trigonométricas, como el seno, el coseno y la tangente, son fundamentales en matemáticas y ciencias aplicadas. Estas funciones se utilizan para modelar fenómenos periódicos y oscilatorios, como ondas, vibraciones y movimientos armónicos.

4.8. Funciones Exponenciales y Logarítmicas

Las funciones exponenciales y logarítmicas desempeñan un papel importante en matemáticas y ciencias aplicadas. Las funciones exponenciales, como $f(x) = a^x$, muestran un crecimiento exponencial, mientras que las funciones logarítmicas, como $g(x) = \log_a(x)$, se utilizan para resolver ecuaciones exponenciales y modelar relaciones proporcionales.

4.9. Ejercicios Avanzados

Para desafiar aún más tus habilidades con funciones, aquí tienes algunos ejercicios avanzados:

6. Define una función polinómica $P(x)$ de grado 3 que tenga un punto de inflexión en el origen $(0,0)$ y un mínimo local en $x = 2$. Grafica la función.

7. Compón tres funciones $f(x)$, $g(x)$ y $h(x)$ de tu elección y calcula $(f \circ g \circ h)(x)$. Luego, gráfica $(f \circ g \circ h)(x)$.

8. Define una función $r(x)$ que sea periódica, como una función seno o coseno. Grafica la función y describe su período y amplitud.

9. Escribe una función logarítmica $L(x)$ que tenga un crecimiento lento a medida que x se acerca a infinito. Grafica la función y describe su comportamiento a medida que x se aleja de cero.

10. Explora una función compuesta que modele una situación del mundo real, como la decaída radiactiva o el crecimiento de una población. Describe cómo se utilizan las funciones en el contexto de este modelo y realiza cálculos relevantes.

Estos ejercicios avanzados te desafiarán a aplicar tus conocimientos sobre funciones en situaciones más complejas y variadas.

Espero que esta extensión del capítulo te ayude a comprender mejor las funciones y a fortalecer tus habilidades matemáticas.

4.10. Resumen

En este capítulo, exploramos funciones matemáticas, que asignan valores de entrada a valores de salida. Aprendimos sobre funciones lineales y cuadráticas, sus propiedades y representaciones gráficas. También exploramos dominio, codominio, inyectividad, sobrejectividad y composición de funciones. El Teorema del Valor Intermedio destaca la continuidad de funciones. Discutimos notación funcional y presentamos funciones trigonométricas, exponenciales y logarítmicas. Finalmente, enfrentamos desafiantes ejercicios para aplicar estos conceptos.

Capítulo 5

Ecuaciones Cuadráticas y Funciones Cuadráticas

En este capítulo, profundizaremos en el estudio de las ecuaciones cuadráticas y las funciones cuadráticas. Estos conceptos son fundamentales en matemáticas y tienen aplicaciones en una amplia variedad de disciplinas.

5.1. Ecuaciones Cuadráticas

Una ecuación cuadrática es una ecuación de segundo grado que tiene la forma general:

$$ax^2 + bx + c = 0$$

Donde a, b y c son coeficientes reales, y $a \neq 0$ para que la ecuación sea verdaderamente cuadrática. Resolver ecuaciones cuadráticas implica encontrar los valores de x que hacen que la ecuación sea verdadera.

5.1.1. Método de Factorización

Una forma de resolver ecuaciones cuadráticas es a través de la factorización. El objetivo es expresar la ecuación como el producto de dos binomios iguales a cero y luego resolver cada binomio. Por ejemplo:

Dada la ecuación $x^2 - 5x + 6 = 0$, podemos factorizarla como $(x - 2)(x - 3) = 0$. Luego, resolvemos cada binomio por separado:

Para $x - 2 = 0$, encontramos $x = 2$.

Para $x - 3 = 0$, encontramos $x = 3$.

Entonces, la ecuación cuadrática tiene dos soluciones: $x = 2$ y $x = 3$.

Ejemplo de Resolución de Ecuación Cuadrática por Factorización

Resolvamos la ecuación cuadrática $2x^2 - 7x - 3 = 0$ utilizando el método de factorización.

Primero, buscamos dos números que sumen -7 y multipliquen $2 \cdot (-3) = -6$. Estos números son -8 y 1, ya que $-8 + 1 = -7$ y $-8 \cdot 1 = -8$. Usando estos números, factorizamos la ecuación:

$$(2x + 1)(x - 3) = 0$$

Luego, resolvemos cada binomio:

Para $2x + 1 = 0$, encontramos $2x = -1$, y al dividir por 2, obtenemos $x = -\frac{1}{2}$.

Para $x - 3 = 0$, encontramos $x = 3$.

Por lo tanto, las soluciones de la ecuación son $x = -\frac{1}{2}$ y $x = 3$.

5.1.2. Fórmula Cuadrática

Otro método importante para resolver ecuaciones cuadráticas es la fórmula cuadrática, que se aplica a ecuaciones de la forma $ax^2 + bx + c = 0$. La fórmula cuadrática es:

$$x = \frac{-b \pm \sqrt{b^2 - 4ac}}{2a}$$

Esta fórmula proporciona dos soluciones posibles, una con el signo más y otra con el signo menos.

Ejemplo de Resolución de Ecuación Cuadrática con la Fórmula Cuadrática

Resolvamos la ecuación cuadrática $3x^2 - 8x - 4 = 0$ utilizando la fórmula cuadrática.

Usando la fórmula cuadrática, tenemos:

$$x = \frac{-(-8) \pm \sqrt{(-8)^2 - 4(3)(-4)}}{2(3)}$$

$$x = \frac{8 \pm \sqrt{64 + 48}}{6}$$

$$x = \frac{8 \pm \sqrt{112}}{6}$$

Para simplificar la raíz cuadrada, notamos que 112 puede descomponerse en $16 \cdot 7$, y que $\sqrt{16} = 4$. Entonces:

$$x = \frac{8 \pm 4\sqrt{7}}{6}$$

Estas son las dos soluciones de la ecuación cuadrática.

5.2. Funciones Cuadráticas

Las funciones cuadráticas son un tipo fundamental de función matemática que se expresa mediante una ecuación cuadrática. Tienen la forma general:

$$f(x) = ax^2 + bx + c$$

Donde a, b y c son coeficientes reales y $a \neq 0$. Estas funciones se representan mediante una curva llamada parábola y son fundamentales en muchas áreas de las matemáticas y las ciencias.

5.2.1. Elementos Clave de una Función Cuadrática

Para comprender mejor las funciones cuadráticas, es importante conocer los siguientes elementos clave:

- a: El coeficiente líder, que determina la concavidad de la parábola. Si $a > 0$, la parábola se abre hacia arriba; si $a < 0$, se abre hacia abajo.

- b: El coeficiente lineal, que influye en la posición de la parábola en el eje horizontal.

- c: El término constante, que determina la posición de la parábola en el eje vertical.

5.2.2. Ejemplo 1

Consideremos la función cuadrática $f(x) = x^2 - 4x + 4$. En esta ecuación, $a = 1$, $b = -4$ y $c = 4$. La parábola se abre hacia arriba debido al coeficiente $a > 0$ y cruza el eje x en $(2, 0)$. El vértice de la parábola se encuentra en $(2, 0)$.

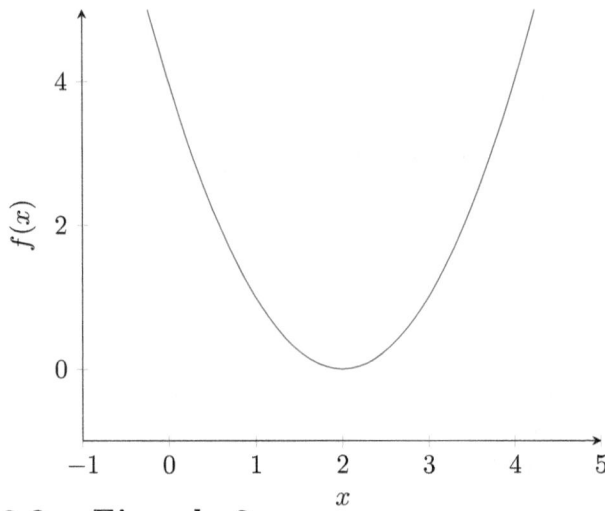

5.2.3. Ejemplo 2

Ahora, consideremos la función cuadrática $g(x) = -2x^2 + 4x - 1$. En esta ecuación, $a = -2$, $b = 4$ y $c = -1$. La parábola se abre hacia abajo debido al coeficiente $a < 0$ y cruza el eje x en $(1, 0)$. El vértice de la parábola se encuentra en $(1, -3)$.

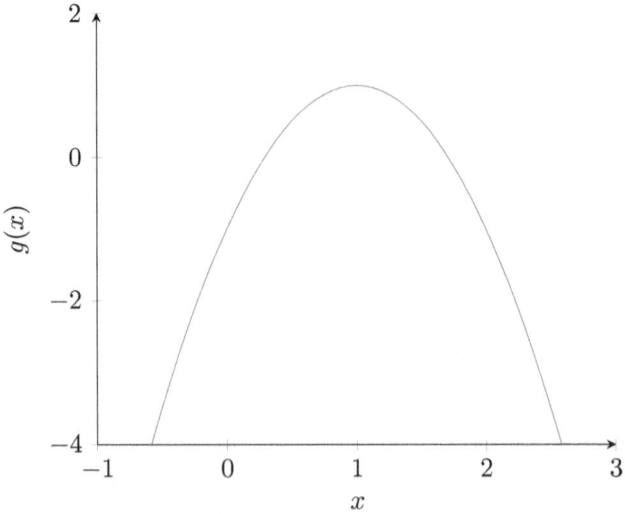

5.2.4. Raíces de una Función Cuadrática

Las raíces de una función cuadrática son los valores de x para los cuales $f(x) = 0$. Estos puntos son donde la parábola cruza el eje x. Las raíces se calculan utilizando la fórmula cuadrática:

$$x = \frac{-b \pm \sqrt{b^2 - 4ac}}{2a}$$

Si el discriminante $b^2 - 4ac$ es positivo, la función tiene dos raíces reales. Si es igual a cero, tiene una raíz real (una raíz doble), y si es negativo, no tiene raíces reales.

5.2.5. Ejemplo 3

Para la función cuadrática $h(x) = 3x^2 - 6x - 9$, tenemos $a = 3$, $b = -6$ y $c = -9$. Calculamos las raíces utilizando la fórmula cuadrática:

$$x = \frac{-(-6) \pm \sqrt{(-6)^2 - 4(3)(-9)}}{2(3)}$$

Simplificando:

$$x = \frac{6 \pm \sqrt{36 + 108}}{6}$$

$$x = \frac{6 \pm \sqrt{144}}{6}$$

$$x = \frac{6 \pm 12}{6}$$

Tenemos dos soluciones:

$$x_1 = \frac{6 + 12}{6} = 3$$

$$x_2 = \frac{6 - 12}{6} = -1$$

Por lo tanto, la función tiene dos raíces reales en $x = 3$ y $x = -1$.

5.2.6. Vértice de una Parábola

El vértice de una parábola cuadrática es el punto mínimo o máximo de la función. La coordenada x del vértice se calcula como $x = \frac{-b}{2a}$, y la coordenada y se obtiene evaluando $f(x)$ en $x = \frac{-b}{2a}$. Esto nos da el vértice $(\frac{-b}{2a}, f(\frac{-b}{2a}))$.

Ejemplo de Cálculo del Vértice

Consideremos la función cuadrática $g(x) = 2x^2 - 8x + 6$. Calculamos el vértice de la siguiente manera:

$$x = \frac{-(-8)}{2(2)} = 2$$

$$y = g(2) = 2(2^2) - 8(2) + 6 = 8 - 16 + 6 = -2$$

Por lo tanto, el vértice de la parábola es $(2, -2)$.

5.2.7. Eje de Simetría

El eje de simetría de una parábola cuadrática es una línea vertical que pasa por el vértice y divide la parábola en dos mitades simétricas. La ecuación del eje de simetría es $x = \frac{-b}{2a}$.

Ejemplo de Cálculo del Eje de Simetría

En el caso de la función cuadrática $h(x) = -x^2 + 4x - 3$, el eje de simetría se calcula como:

$$x = \frac{-4}{2(-1)} = 2$$

Por lo tanto, el eje de simetría de esta parábola es $x = 2$.

5.2.8. Gráfica de Funciones Cuadráticas

La gráfica de una función cuadrática es una parábola que
puede abrir hacia arriba si $a > 0$ o hacia abajo si $a < 0$.
La dirección de apertura y la posición de la parábola en el
plano cartesiano están determinadas por los coeficientes a,
b y c.

Ejemplo de Gráfica de Función Cuadrática

Consideremos la función cuadrática $k(x) = x^2 - 2x + 1$.
Usando las propiedades mencionadas, encontramos que el
vértice está en $(1, 0)$, el eje de simetría es $x = 1$, y la
parábola se abre hacia arriba. La gráfica se vería como
sigue:

[Inserta aquí un gráfico de la función cuadrática con la
parábola que se abre hacia arriba y el vértice en $(1, 0)$.]

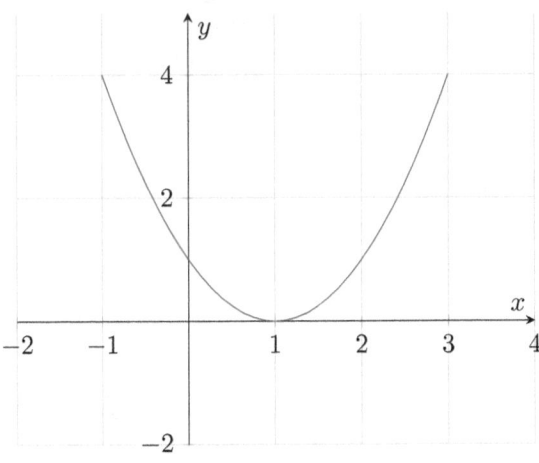

5.3. Ejercicios de Práctica

Para reforzar tus conocimientos sobre ecuaciones cuadráticas y funciones cuadráticas, aquí tienes algunos ejercicios adicionales:

1. Resuelve la ecuación cuadrática $5x^2 - 7x - 2 = 0$ utilizando ambos métodos: factorización y la fórmula cuadrática.

2. Encuentra el vértice de la función cuadrática $p(x) = 3x^2 + 12x - 4$ y dibuja su gráfica.

3. Calcula el eje de simetría de la función cuadrática $q(x) = -2x^2 - 6x + 8$.

4. Grafica la función cuadrática $r(x) = -x^2 + 6x - 9$.

Estos ejercicios te ayudarán a consolidar tus conocimientos y habilidades en ecuaciones cuadráticas y funciones cuadráticas.

5.4. Resumen

En este capítulo, hemos explorado en detalle las ecuaciones cuadráticas y las funciones cuadráticas. Hemos aprendido a resolver ecuaciones cuadráticas mediante la factorización y la fórmula cuadrática. También hemos explorado las propiedades de las funciones cuadráticas, incluyendo el vértice, el eje de simetría y la gráfica de la parábola.

Capítulo 6

Álgebra de Conjuntos

En este capítulo, exploraremos un área importante de las matemáticas conocida como álgebra de conjuntos. Los conjuntos son una parte fundamental de la teoría de conjuntos y se utilizan para representar y manipular colecciones de elementos de una manera organizada.

6.1. Notación de Conjuntos

Para trabajar con conjuntos, es esencial comprender la notación y los símbolos utilizados. Aquí están algunos de los conceptos básicos de notación de conjuntos:

- Un conjunto se denota con llaves y contiene elementos separados por comas. Por ejemplo, el conjunto de números naturales menores que 5 se escribe como $\{1, 2, 3, 4\}$.

- Un conjunto vacío, que no contiene ningún elemento, se denota como $\emptyset$.

- Para describir conjuntos de manera más general, se utilizan notaciones especiales. Por ejemplo, el conjunto de todos los números naturales se denota como $\mathbb{N}$, y el conjunto de todos los números reales como $\mathbb{R}$.

6.1.1. Ejemplos de Notación de Conjuntos

- El conjunto de números enteros positivos menores que 10 se denota como $\{1, 2, 3, 4, 5, 6, 7, 8, 9\}$.

- El conjunto vacío, que no contiene elementos, se denota como $\emptyset$.

- El conjunto de letras del alfabeto se puede denotar como $\{a, b, c, \ldots, z\}$.

6.2. Operaciones de Conjuntos

En álgebra de conjuntos, es común realizar operaciones que involucran conjuntos. Algunas de las operaciones más comunes son:

- Unión de Conjuntos: La unión de dos conjuntos A y B, denotada como $A \cup B$, es el conjunto que contiene todos los elementos que están en A o en B.

- Intersección de Conjuntos: La intersección de dos conjuntos A y B, denotada como $A \cap B$, es el conjunto que contiene todos los elementos que están en A y en B al mismo tiempo.

- Diferencia de Conjuntos: La diferencia de dos conjuntos A y B, denotada como $A \setminus B$, es el conjunto que contiene todos los elementos que están en A pero no en B.

- Complemento de Conjunto: El complemento de un conjunto A, denotado como A' o $\bar{A}$, es el conjunto que contiene todos los elementos que no están en A pero que están en el conjunto universal.

6.2.1. Ejemplos de Operaciones de Conjuntos

Supongamos que tenemos dos conjuntos: $A = \{1, 2, 3\}$ y $B = \{3, 4, 5\}$.

La unión de A y B es: $A \cup B = \{1, 2, 3, 4, 5\}$.

La intersección de A y B es: $A \cap B = \{3\}$.

La diferencia de A y B es: $A \setminus B = \{1, 2\}$.

El complemento de A en el conjunto universal es: $A' = \{4, 5, 6, 7, \ldots\}$.

6.3. Diagramas de Venn

Los diagramas de Venn son una herramienta visual que se utiliza para representar conjuntos y sus relaciones. En un diagrama de Venn, los conjuntos se representan como regiones circulares superpuestas. Cada conjunto se representa como una región cerrada y las regiones superpuestas muestran la intersección de los conjuntos.

Por ejemplo, un diagrama de Venn para los conjuntos A y B se vería de la siguiente manera:

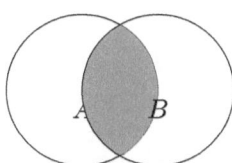

Diagrama de Venn para los conjuntos A y B.

Los diagramas de Venn son útiles para visualizar las operaciones de conjuntos y las relaciones entre ellos.

6.4. Ejercicios de Práctica

Para fortalecer tu comprensión del álgebra de conjuntos, aquí tienes ejemplos y ejercicios adicionales:

1. Dados los conjuntos $A = \{1, 2, 3, 4\}$ y $B = \{3, 4, 5, 6\}$, encuentra $A \cup B$, $A \cap B$, $A \setminus B$, y $B \setminus A$.

2. Define un conjunto C que contenga los números primos menores que 20 y un conjunto D que contenga los números pares menores que 20. Encuentra $C \cap D$ y $C \cup D$.

3. Representa gráficamente en un diagrama de Venn los conjuntos $E = \{1, 2, 3, 4\}$, $F = \{3, 4, 5, 6\}$ y $G = \{5, 6, 7, 8\}$.

4. Supongamos que el conjunto universal es el conjunto de colores, y tienes tres conjuntos: R (rojo), B (azul) y G (verde). Define el conjunto que representa çolores cálidosçomo $R \cup G$ y el conjunto que representa çolores fríosçomo B. Encuentra el complemento de çolores cálidosz el complemento de çolores fríos.en relación al conjunto universal.

5. Dados los conjuntos $X = \{a, b, c\}$ y $Y = \{b, c, d, e\}$, encuentra el conjunto de todos los elementos que están en X o en Y y el conjunto de todos los elementos que están en X y en Y.

Estos ejercicios adicionales te ayudarán a profundizar en tus habilidades para trabajar con álgebra de conjuntos y operaciones de conjuntos.

6.5. Resumen

En este capítulo, hemos explorado el álgebra de conjuntos, que se centra en la manipulación y representación de conjuntos de elementos. Hemos aprendido sobre la notación de conjuntos y las operaciones de unión, intersección, diferencia y complemento. También hemos visto cómo se utilizan los diagramas de Venn para visualizar conjuntos y sus relaciones.

Capítulo 7

Proporciones y Razones

En este capítulo, exploraremos en profundidad los conceptos de proporciones y razones, que son fundamentales en matemáticas y tienen una amplia aplicación en la vida cotidiana, la ciencia y la ingeniería.

7.1. Proporciones y Regla de Tres

Una proporción es una igualdad entre dos razones. Es una relación de igualdad entre dos fracciones. La regla de tres es un método que se utiliza para resolver problemas de proporciones y se basa en la idea de que si dos razones son iguales, entonces sus productos cruzados también son iguales. Esto se puede expresar como:

$$\frac{a}{b} = \frac{c}{d} \implies ad = bc$$

La regla de tres se utiliza comúnmente para resolver problemas en los que se conocen tres cantidades y se necesita encontrar la cuarta. Se puede aplicar a una amplia gama de situaciones, desde cálculos financieros hasta problemas de física.

7.1.1. Ejemplo de Regla de Tres

Supongamos que una máquina puede producir 200 piezas en 5 horas. ¿Cuántas piezas puede producir en 8 horas? Podemos usar la regla de tres para resolver esto:

$$\frac{\text{Producción en 5 horas}}{\text{Tiempo en 5 horas}} = \frac{200 \text{ piezas}}{5 \text{ horas}} = 40 \text{ piezas por hora}$$

Ahora, podemos usar esta tasa de producción para encontrar la producción en 8 horas:

$$\text{Producción en 8 horas} = 40 \text{ piezas por hora} \times 8 \text{ horas} = 320 \text{ piezas}$$

Por lo tanto, la máquina puede producir 320 piezas en 8 horas.

7.2. Razones y Proporciones Directas e Inversas

Las razones son fundamentales para comparar dos cantidades. Dos cantidades se consideran directamente proporcionales si un aumento en una de ellas resulta en un aumento proporcional en la otra. Por ejemplo, la distancia recorrida por un automóvil es directamente proporcional al tiempo que ha estado en movimiento.

Por otro lado, dos cantidades se consideran inversamente proporcionales si un aumento en una de ellas resulta en una disminución proporcional en la otra. Por ejemplo, el tiempo necesario para completar un trabajo es inversamente proporcional a la tasa de trabajo.

7.2.1.   Ejemplo de Proporción Inversa

Supongamos que un equipo de construcción puede terminar de construir una carretera en 10 días si trabajan 6
horas al día. ¿Cuántos días tomará terminar la carretera si
reducen su horario de trabajo a 4 horas al día? Podemos
usar la proporción inversa:

$$\text{Tiempo} \times \text{Tasa de trabajo} = \text{constante}$$

Inicialmente, la constante es $10 \times 6 = 60$. Luego, podemos
encontrar el nuevo tiempo:

$$\text{Nuevo tiempo} \times 4 = 60 \implies \text{Nuevo tiempo} = \frac{60}{4} = 15$$

Por lo tanto, tomará 15 días terminar la carretera si trabajan 4 horas al día.

7.3.   Ejercicios de Práctica

Para fortalecer tu comprensión de proporciones y razones,
aquí tienes más ejemplos y ejercicios:

1. Un recipiente se llena con agua a una tasa constante
de 3 litros por minuto. ¿Cuántos minutos tomará llenar el
recipiente por completo?

2. Una impresora puede imprimir 120 páginas en 5 minutos. ¿Cuántas páginas puede imprimir en 20 minutos?

3. Una fábrica puede producir 400 unidades de un producto
en 8 horas. ¿Cuántas unidades puede producir en 5 horas?

4. Si 6 obreros pueden construir una casa en 12 semanas,
¿cuántos obreros se necesitarán para construir la misma
casa en 6 semanas?

5. Una máquina puede empaquetar 500 cajas en 10 horas.
¿Cuántas cajas puede empaquetar en 4 horas?

6. Una persona puede limpiar una piscina en 3 horas. Si otra persona se une para ayudar, ¿cuánto tiempo les tomará limpiar la piscina juntos?

Estos ejercicios adicionales te ayudarán a aplicar los conceptos de proporciones y razones en diversas situaciones.

7.4. Resumen

En este capítulo, hemos explorado en detalle las proporciones y la regla de tres, así como las razones y proporciones directas e inversas. Estos conceptos son esenciales en matemáticas y tienen aplicaciones prácticas en la resolución de problemas en diversas disciplinas. Las proporciones y las razones son herramientas poderosas para analizar y resolver situaciones de la vida cotidiana y problemas matemáticos.

Capítulo 8

Exponentes y Radicales

En este capítulo, profundizaremos en los conceptos de exponentes y radicales, que son fundamentales en matemáticas y tienen una amplia aplicación en cálculos matemáticos y científicos.

8.1. Leyes de los Exponentes

Las leyes de los exponentes son reglas importantes para simplificar y manipular expresiones con potencias. Algunas leyes adicionales incluyen:

- Exponente Cero: Cualquier número elevado a la potencia 0 es igual a 1. Esto se expresa como $a^0 = 1$ para cualquier a diferente de 0.

- Exponente Negativo: Cualquier número elevado a un exponente negativo es igual a la inversa del número elevado al exponente positivo. Esto se expresa como $a^{-n} = \frac{1}{a^n}$.

- Raíces y Exponentes Fraccionarios: Las raíces son

expresiones equivalentes a exponentes fraccionarios. Por ejemplo, la raíz cuadrada de a es lo mismo que $a^{1/2}$, y la raíz cúbica de a es $a^{1/3}$.

- Potencia de una Potencia Fraccionaria: Para elevar una potencia a otra potencia fraccionaria, se multiplican los exponentes. Por ejemplo, $(a^m)^{1/n} = a^{m/n}$.

8.1.1. Ejemplo de Leyes de los Exponentes

Supongamos que tenemos la expresión $2^3 \cdot 2^{-2}$. Podemos aplicar la ley de multiplicación de potencias con la misma base para simplificarla:

$$2^3 \cdot 2^{-2} = 2^{3-2} = 2^1 = 2$$

Por lo tanto, $2^3 \cdot 2^{-2}$ es igual a 2.

8.2. Simplificación de Expresiones Radicales

La simplificación de expresiones radicales es fundamental cuando trabajamos con raíces. Además de las reglas mencionadas anteriormente, hay otras consideraciones importantes:

- Simplificación de Raíces con Exponentes: Para simplificar una raíz con un exponente, se busca el mayor factor de la raíz que divide al exponente. Por ejemplo, $\sqrt[3]{a^6} = a^{6/3} = a^2$.

- Raíces y Potencias: Las raíces se pueden expresar como potencias y viceversa. Por ejemplo, $\sqrt{a^2} = a$ y $a^{1/2} = \sqrt{a}$.

- Simplificación de Expresiones con Varias Raíces: Se pueden simplificar expresiones que contienen múltiples raíces aplicando las reglas de potencias y exponentes.

8.2.1. Ejemplo de Simplificación de Expresiones Radicales

Supongamos que tenemos la expresión $\sqrt[3]{a^6b^4}$. Podemos simplificarla aplicando la ley de potencias y exponentes fraccionarios:

$$\sqrt[3]{a^6b^4} = (a^6b^4)^{1/3} = a^{6\cdot1/3}b^{4\cdot1/3} = a^2b^{4/3}$$

Por lo tanto, $\sqrt[3]{a^6b^4}$ se simplifica a $a^2b^{4/3}$.

8.3. Ejercicios de Práctica

Para fortalecer tu comprensión de exponentes y radicales, aquí tienes más ejemplos y ejercicios:

1. Simplifica la expresión $\frac{y^5}{y^3}$.

2. Calcula el valor de $3^4 \cdot 3^{-2}$.

3. Simplifica la expresión $\sqrt[4]{x^8}$.

4. Encuentra el valor de $\left(\sqrt[5]{z}\right)^5$.

5. Simplifica la expresión $\sqrt[3]{x^6y^9}$.

6. Resuelve la ecuación $2^x = 32$.

7. Simplifica la expresión $\frac{\sqrt[3]{16}}{\sqrt[3]{4}}$.

8. Resuelve la ecuación $x^2 = 64$.

Estos ejercicios adicionales te ayudarán a aplicar las leyes de los exponentes y a simplificar expresiones radicales en diversas situaciones.

8.4. Resumen

En este capítulo, hemos explorado las leyes de los exponentes y la simplificación de expresiones radicales. Estos conceptos son fundamentales en matemáticas y tienen una amplia aplicación en cálculos matemáticos y científicos. Las

leyes de los exponentes son esenciales para simplificar expresiones con potencias, y la simplificación de expresiones
radicales es fundamental al trabajar con raíces y potencias
fraccionarias.

Capítulo 9

Gráficos y Análisis de Funciones

En este capítulo, nos sumergiremos en el mundo de los gráficos y el análisis de funciones. Aprenderemos cómo representar gráficamente funciones lineales y cuadráticas, y cómo interpretar aspectos clave de estas representaciones, como la pendiente, el intercepto y la concavidad de las curvas.

9.1. Gráficos de Funciones Lineales

Las funciones lineales se expresan mediante ecuaciones de la forma $y = mx+b$, donde m es la pendiente y b es el intercepto en el eje y. La pendiente m indica la tasa de cambio de la función, mientras que el intercepto b representa el punto donde la línea cruza el eje y.

9.1.1. Interpretación de la Pendiente y el Intercepto

La pendiente m determina la inclinación de la línea. Si $m > 0$, la línea sube a medida que avanzas hacia la derecha en el gráfico. Si $m < 0$, la línea baja. Si $m = 0$, la línea es horizontal.

El intercepto b es el valor de y cuando $x = 0$. Representa el punto en el que la línea cruza el eje y.

9.1.2. Ejemplo de Gráfico de Función Lineal

Supongamos que tenemos la función $y = -\frac{3}{2}x + 4$. En este caso, la pendiente es $m = -\frac{3}{2}$, lo que indica una disminución de 1,5 unidades en y por cada unidad que avanzamos hacia la derecha en x. El intercepto es $b = 4$, lo que significa que la línea cruza el eje y en $y = 4$.

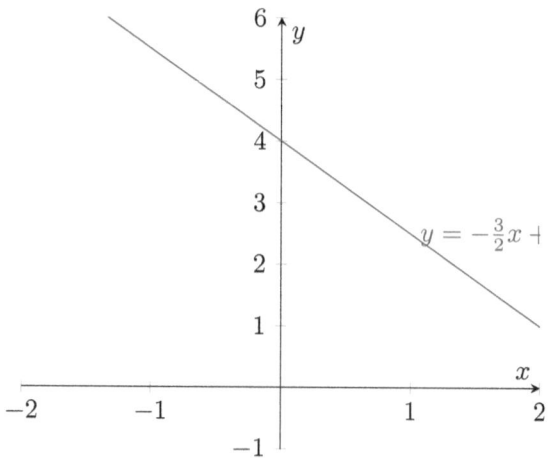

9.1.3. Más Ejemplos de Funciones Lineales

- $y = 2x + 1$: Aquí, la pendiente es 2, lo que indica un aumento de 2 unidades en y por cada unidad que avanzamos hacia la derecha en x. El intercepto es 1.

- $y = -x + 3$: La pendiente es -1, lo que indica una disminución de 1 unidad en y por cada unidad que avanzamos hacia la derecha en x. El intercepto es 3.

9.2. Gráficos de Funciones Cuadráticas

Las funciones cuadráticas se expresan mediante ecuaciones de la forma $y = ax^2 + bx + c$, donde a, b y c son coeficientes que determinan la forma de la parábola. Estas funciones tienen un gráfico en forma de parábola.

9.2.1. Interpretación del Coeficiente a y el Vértice

El coeficiente a determina la apertura de la parábola. Si $a > 0$, la parábola se abre hacia arriba, y si $a < 0$, se abre hacia abajo.

El vértice de la parábola se encuentra en el punto $\left(\frac{-b}{2a}, \frac{-D}{4a}\right)$, donde $D = b^2 - 4ac$ es el discriminante de la ecuación cuadrática.

9.2.2. Ejemplo de Gráfico de Función Cuadrática

Supongamos que tenemos la función cuadrática $y = x^2 - 4x + 3$. En este caso, el coeficiente $a = 1$, lo que indica que la parábola se abre hacia arriba. Podemos calcular el vértice:

$$x_{\text{vértice}} = \frac{-b}{2a} = \frac{-(-4)}{2(1)} = 2$$

$$y_{\text{vértice}} = \frac{-D}{4a} = \frac{-(16 - 4 \cdot 1 \cdot 3)}{4 \cdot 1} = 1$$

El vértice está en el punto $(2, 1)$.

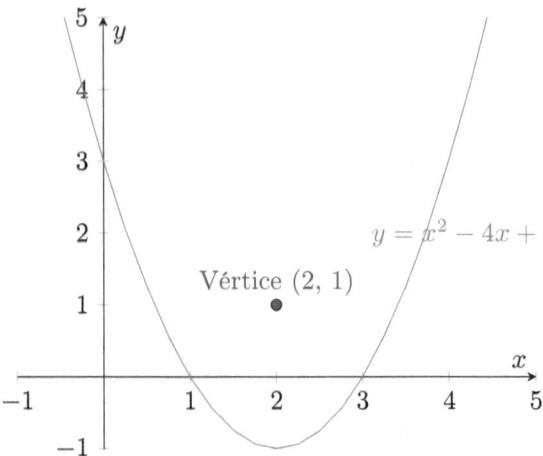

9.2.3. Más Ejemplos de Funciones Cuadráticas

- $y = -x^2 + 2x + 1$: El coeficiente a es -1, lo que indica que la parábola se abre hacia abajo. El vértice se encuentra en $(1, 2)$.

- $y = 2x^2 - 4x - 3$: El coeficiente a es 2, lo que indica que la parábola se abre hacia arriba. El vértice se encuentra en $(1, -5)$.

9.3. Ejercicios de Práctica

Para reforzar tu comprensión de gráficos de funciones, aquí tienes más ejemplos y ejercicios:

1. Representa gráficamente la función lineal $y = \frac{1}{2}x + 3$.

2. Representa gráficamente la función cuadrática $y = -x^2 + 2x - 1$ y encuentra el vértice.

3. Representa gráficamente la función lineal $y = -2x - 2$.

4. Representa gráficamente la función cuadrática $y = 3x^2 - 6x + 1$ y determina si se abre hacia arriba o hacia abajo.

5. Encuentra el intercepto b de la función lineal $y = 5x + 2$.

6. Encuentra el vértice de la función cuadrática $y = -x^2 + 4x - 3$.

7. Representa gráficamente la función lineal $y = 4x - 5$.

8. Representa gráficamente la función cuadrática $y = x^2 - 3x + 2$ y determina si se abre hacia arriba o hacia abajo.

9. Crea una función lineal y una cuadrática, representa sus gráficos y encuentra sus características (pendiente, intercepto, coeficiente a, vértice, etc.).

Estos ejercicios adicionales te ayudarán a practicar la representación de funciones lineales y cuadráticas, así como a interpretar gráficos.

9.4. Resumen

En este capítulo, hemos explorado la representación gráfica y el análisis de funciones lineales y cuadráticas. Los gráficos son una herramienta poderosa para visualizar y comprender el comportamiento de las funciones. Hemos aprendido a interpretar la pendiente, el intercepto y la apertura de las parábolas, así como a encontrar el vértice en funciones cuadráticas.

Capítulo 10

Polinomios y Factorización

En este capítulo, profundizaremos en el estudio de los polinomios, sus propiedades y las técnicas de factorización. Los polinomios son expresiones algebraicas que desempeñan un papel fundamental en álgebra y matemáticas en general.

10.1. Polinomios

Un polinomio es una expresión algebraica que consta de términos algebraicos, llamados monomios. La forma general de un polinomio es:

$$P(x) = a_n x^n + a_{n-1} x^{n-1} + \ldots + a_1 x + a_0$$

Donde $a_n, a_{n-1}, \ldots, a_1, a_0$ son coeficientes, x es la variable y n es el grado del polinomio.

10.1.1. Grado de un Polinomio

El grado de un polinomio es el exponente más alto entre todas las variables. Por ejemplo, en el polinomio $P(x) = 3x^4 - 2x^3 + 5x^2 - x + 1$, el grado es 4.

10.1.2. Tipos de Polinomios

Existen varios tipos de polinomios, entre ellos:

- Polinomios constantes: Aquellos con grado 0, como $P(x) = 3$.

- Polinomios lineales: Aquellos con grado 1, como $P(x) = 2x - 1$.

- Polinomios cuadráticos: Aquellos con grado 2, como $P(x) = x^2 + 3x - 2$.

- Polinomios cúbicos: Aquellos con grado 3, como $P(x) = 4x^3 - 2x^2 + x + 5$.

Y así sucesivamente.

10.2. Factorización de Polinomios

La factorización de polinomios es una técnica esencial que nos permite descomponer un polinomio en el producto de polinomios más simples o irreducibles. La factorización es útil para simplificar expresiones y resolver ecuaciones.

10.2.1. Factor Común

Una técnica común de factorización es encontrar el factor común más grande en todos los términos del polinomio y factorizarlo. Por ejemplo, consideremos el polinomio $P(x) = 2x^3 - 6x^2 + 4x$. El factor común en este caso es $2x$, por lo que podemos factorizar de la siguiente manera:

$$P(x) = 2x(x^2 - 3x + 2)$$

10.2.2. Factorización por Agrupación

Otra técnica útil es la factorización por agrupación, que implica agrupar términos semejantes y buscar factores comunes en esos grupos. Por ejemplo, consideremos el polinomio $P(x) = x^3 + x^2 - 2x - 2$. Podemos factorizar por agrupación de la siguiente manera:

$$P(x) = (x^3+x^2)-(2x+2) = x^2(x+1)-2(x+1) = (x^2-2)(x+1)$$

10.2.3. Teorema Fundamental del Álgebra

El Teorema Fundamental del Álgebra establece que todo polinomio con coeficientes complejos de grado n tiene exactamente n raíces complejas o reales, contando multiplicidad. Esto significa que un polinomio de grado n se puede factorizar en n factores lineales o cuadráticos.

Por ejemplo, el polinomio cuadrático $P(x) = x^2 - 5x + 6$ se factoriza en $(x-2)(x-3)$, lo que nos dice que tiene dos raíces: $x = 2$ y $x = 3$.

10.3. Ejercicios de Factorización

Para practicar la factorización de polinomios, aquí tienes una serie de ejercicios:

1. Factoriza el polinomio $P(x) = 4x^2 - 12x$.

2. Factoriza el polinomio $P(x) = x^3 - 3x^2 - 4x + 12$.

3. Encuentra las raíces del polinomio $Q(x) = x^2 - 7x + 10$ utilizando el Teorema Fundamental del Álgebra.

4. Factoriza el polinomio $Q(x) = 2x^3 - 6x^2 - 8x + 24$.

5. Encuentra el factor común en el polinomio $R(x) = 3x^2 + 6x - 9$ y factorízalo.

6. Factoriza el polinomio $R(x) = x^4 - 4x^3 - 12x^2 + 16x$.

7. Resuelve la ecuación $x^2 - 5x + 6 = 0$ utilizando la factorización.

8. Factoriza el polinomio $S(x) = 4x^2 - 25$.

9. Resuelve la ecuación $2x^2 - 5x - 3 = 0$ utilizando la factorización.

La factorización es una habilidad esencial en álgebra y te será útil en futuros conceptos matemáticos.

10.4. Resumen

En este capítulo, hemos explorado en profundidad los polinomios, sus propiedades y las técnicas de factorización. Los polinomios son expresiones algebraicas fundamentales y la factorización es una herramienta valiosa para simplificar y resolver ecuaciones.

Hemos discutido el grado de un polinomio, los tipos de polinomios y técnicas de factorización, incluyendo el factor común y la factorización por agrupación. Además, hemos abordado el Teorema Fundamental del Álgebra, que establece la relación entre el grado de un polinomio y el número de sus raíces.

Capítulo 11

Sistemas de Ecuaciones Lineales

En este capítulo, profundizaremos en el estudio de los sistemas de ecuaciones lineales, un tema fundamental en álgebra que se encuentra en diversas aplicaciones en matemáticas, ciencias y la resolución de problemas del mundo real.

11.1. Sistemas de Ecuaciones Lineales

Un sistema de ecuaciones lineales es un conjunto de ecuaciones en las que las incógnitas son de primer grado y no se multiplican entre sí. Generalmente, un sistema lineal se expresa como:

$$a_{11}x + a_{12}y = b_1$$
$$a_{21}x + a_{22}y = b_2$$

Donde x e y son las incógnitas, $a_{11}, a_{12}, a_{21}, a_{22}$ son coeficientes conocidos y b_1 y b_2 son constantes conocidas.

11.1.1. Tipos de Soluciones de Sistemas Lineales

Un sistema de ecuaciones lineales puede tener diferentes tipos de soluciones:

- Solución única: El sistema tiene una única solución que satisface todas las ecuaciones.

- Infinitas soluciones: El sistema tiene infinitas soluciones que forman una línea, un plano o un espacio en el espacio.

- Sin solución: El sistema no tiene solución, lo que significa que las ecuaciones son inconsistentes.

11.1.2. Notación Matricial

Los sistemas de ecuaciones lineales se pueden expresar de manera más compacta utilizando notación matricial. Por ejemplo, el sistema:

$$2x - 3y = 7$$
$$4x + 2y = 10$$

Se puede representar como:

$$\begin{bmatrix} 2 & -3 \\ 4 & 2 \end{bmatrix} \begin{bmatrix} x \\ y \end{bmatrix} = \begin{bmatrix} 7 \\ 10 \end{bmatrix}$$

11.2. Métodos de Resolución de Sistemas

Existen varios métodos para resolver sistemas de ecuaciones lineales:

11.2.1. Método de Sustitución

El método de sustitución implica despejar una de las variables en una de las ecuaciones y sustituirla en la otra ecuación. Esto reduce el sistema a una sola ecuación con una sola variable, que se puede resolver fácilmente.

Ejemplo:

Dado el sistema:

$$2x - 3y = 7$$
$$4x + 2y = 10$$

Podemos despejar y en la primera ecuación: $y = \frac{2x-7}{3}$. Luego, sustituimos esto en la segunda ecuación:

$$4x + 2\left(\frac{2x-7}{3}\right) = 10$$

Resolviendo esta ecuación, encontramos el valor de x, y luego podemos encontrar el valor de y.

11.2.2. Método de Eliminación

El método de eliminación se utiliza cuando se desea eliminar una de las incógnitas sumando o restando las ecuaciones del sistema. Esto se logra ajustando los coeficientes de una de las variables de modo que se cancelen al sumar o restar las ecuaciones.

Ejemplo:

Dado el sistema:

$$3x + 4y = 14$$
$$2x - 2y = 6$$

Podemos multiplicar la primera ecuación por 2 y la segunda ecuación por 4 para igualar los coeficientes de x en ambas ecuaciones:

$$6x + 8y = 28$$
$$8x - 8y = 24$$

Luego, podemos sumar estas ecuaciones para eliminar la variable y y encontrar el valor de x.

11.2.3. Método de Matrices

El método de matrices implica representar el sistema de ecuaciones en forma matricial y utilizar operaciones matriciales para resolverlo. Esto es especialmente útil cuando se trabaja con sistemas más grandes.

Ejemplo:

Dado el sistema:

$$x + 2y = 5$$
$$3x - 2y = 6$$

Podemos representar el sistema en forma de matriz:

$$\begin{bmatrix} 1 & 2 \\ 3 & -2 \end{bmatrix} \begin{bmatrix} x \\ y \end{bmatrix} = \begin{bmatrix} 5 \\ 6 \end{bmatrix}$$

Luego, podemos resolver el sistema utilizando operaciones matriciales, como la inversión de matrices.

11.3. Interpretación Geométrica

La interpretación geométrica de un sistema de ecuaciones lineales se relaciona con la ubicación de las soluciones en el plano cartesiano o en el espacio tridimensional. Cada ecuación lineal representa una recta o un plano en el espacio, y la solución del sistema es el punto de intersección de estas rectas o planos.

- Si las rectas o planos se cruzan en un punto, el sistema tiene una única solución.

- Si las rectas o planos son paralelos y no se cruzan, el sistema no tiene solución.

- Si las rectas o planos son coincidentes (una encima de la otra) y tienen infinitos puntos en común, el sistema tiene infinitas soluciones.

11.4. Ejercicios de Sistemas de Ecuaciones

Para practicar la resolución de sistemas de ecuaciones, aquí tienes una serie de ejercicios:

1. Resuelve el siguiente sistema de ecuaciones utilizando el método de sustitución, el método de eliminación y el método de matrices:

$$3x - 2y = 8$$
$$2x + y = 6$$

2. Representa gráficamente las ecuaciones del sistema y encuentra la solución geométricamente.

3. Resuelve el siguiente sistema de ecuaciones utilizando el método de tu elección:

$$x + 2y = 5$$
$$3x - 2y = 6$$

4. Encuentra la interpretación geométrica de un sistema de ecuaciones con dos ecuaciones paralelas en el espacio tridimensional.

5. Resuelve el siguiente sistema de ecuaciones utilizando el método de matrices:

$$4x + 3y = 14$$
$$2x - y = 1$$

6. Encuentra la interpretación geométrica de un sistema de ecuaciones con dos ecuaciones coincidentes en el espacio tridimensional.

11.5. Sistemas de Ecuaciones No Lineales

Hasta ahora, hemos trabajado con sistemas de ecuaciones lineales, pero es importante destacar que existen sistemas no lineales en los que las ecuaciones pueden incluir términos no lineales, como cuadráticos, cúbicos, etc. La resolución de sistemas no lineales puede ser más compleja y puede requerir métodos numéricos avanzados.

11.6. Aplicaciones de Sistemas de Ecuaciones

Los sistemas de ecuaciones lineales tienen numerosas aplicaciones en la vida real. Se utilizan para modelar y resolver problemas en áreas como la física, la economía, la ingeniería y la biología. Desde la determinación de la intersección de trayectorias de proyectiles hasta la planificación de la producción en una fábrica, los sistemas de ecuaciones son una herramienta poderosa.

11.7.   Resumen

En este capítulo, hemos explorado en profundidad los sistemas de ecuaciones lineales, incluyendo sus tipos de soluciones, notación matricial, métodos de resolución y su interpretación geométrica. También hemos mencionado los sistemas de ecuaciones no lineales y las aplicaciones prácticas de los sistemas de ecuaciones.

La resolución de sistemas de ecuaciones es una habilidad esencial en álgebra y tiene aplicaciones en diversos campos de las matemáticas y la ciencia. Continuaremos explorando conceptos matemáticos en los próximos capítulos para fortalecer tu comprensión y tu habilidad para resolver problemas matemáticos.

Capítulo 12

Funciones Exponenciales y Logarítmicas

En este capítulo, exploraremos a fondo las funciones exponenciales y logarítmicas, que son esenciales en matemáticas y tienen una amplia variedad de aplicaciones en ciencias, ingeniería y otros campos. Aprenderemos sobre sus propiedades, cómo resolver ecuaciones exponenciales y logarítmicas, y su relevancia en situaciones del mundo real.

12.1. Funciones Exponenciales

Una función exponencial es una función de la forma $f(x) = a^x$, donde a es una constante positiva distinta de 1, y x es la variable independiente. Las funciones exponenciales describen el crecimiento o la decadencia exponencial y se utilizan para modelar una amplia gama de fenómenos.

12.1.1. Propiedades de las Funciones Exponenciales

Las funciones exponenciales tienen propiedades clave:

- Para $a > 1$, la función exponencial es creciente a medida que x aumenta. Para $0 < a < 1$, es decreciente.

- La función exponencial pasa por el punto $(0, 1)$.

- Las funciones exponenciales con diferentes bases son funciones diferentes.

- La composición de dos funciones exponenciales con la misma base es igual a la función exponencial con la misma base de la suma de sus exponentes.

12.1.2. Ejemplos de Aplicaciones

Las funciones exponenciales son fundamentales en el modelado de crecimiento y decaimiento en diversas áreas, como la población, las finanzas, la física y la biología. Ejemplos incluyen la población de bacterias en una cultura, el interés compuesto en una inversión financiera y la radiactividad de un isótopo.

12.2. Funciones Logarítmicas

Las funciones logarítmicas son inversas de las funciones exponenciales. Una función logarítmica se representa como $f(x) = \log_a(x)$, donde a es la base del logaritmo y x es el valor para el cual se calcula el logaritmo.

12.2.1. Propiedades de las Funciones Logarítmicas

Las funciones logarítmicas tienen propiedades importantes:
,

- El dominio de una función logarítmica está restringido a los valores positivos de x.

- El logaritmo de 1 en cualquier base es siempre 0.

- La función logarítmica $\log_a(x)$ crece más lentamente a medida que x aumenta.

- La composición de dos funciones logarítmicas con la misma base es igual a la función logarítmica con la misma base del producto de sus argumentos.

12.2.2. Ejemplos de Aplicaciones

Las funciones logarítmicas se utilizan en situaciones que involucran relaciones proporcionales o de proporcionalidad inversa, como la Ley de Weber-Fechner en psicología, la Ley de Beer-Lambert en química analítica y el cálculo de la magnitud de terremotos mediante la escala de Richter.

12.3. Resolución de Ecuaciones Exponenciales y Logarítmicas

La resolución de ecuaciones exponenciales y logarítmicas es una habilidad fundamental. Para resolver ecuaciones exponenciales, puedes utilizar logaritmos. Por ejemplo, para resolver $2^x = 16$, puedes tomar el logaritmo base 2 de ambos lados y aplicar la propiedad del logaritmo.

Para resolver ecuaciones logarítmicas, aplicas propiedades de logaritmos y despejas la variable deseada. Por ejemplo, para resolver $\log_a(x) = b$, puedes usar la propiedad de cambio de base para expresarlo en términos de logaritmos naturales y resolver.

12.4. Ejercicios de Funciones Exponenciales y Logarítmicas

Para practicar las propiedades de las funciones exponenciales y logarítmicas, así como la resolución de ecuaciones, aquí tienes una serie de ejercicios:

1. Resuelve la ecuación $3^x = 27$.

2. Resuelve la ecuación $\log_{10}(x) = 2$.

3. Grafica la función exponencial $f(x) = e^x$.

4. Encuentra el valor de a en la ecuación $4^a = 64$.

5. Resuelve la ecuación $\ln(x) = 3$.

6. Grafica la función logarítmica $f(x) = \log_{1/2}(x)$.

7. Resuelve la ecuación $10^{2x} = 1000$.

8. Resuelve la ecuación $\log_3(2x) = 4$.

9. Resuelve la ecuación $5e^{2x} = 125$.

10. Resuelve la ecuación $\ln(2x - 1) - \ln(3) = 1$.

12.5. Resumen

En este capítulo, hemos explorado detenidamente las funciones exponenciales y logarítmicas, incluyendo sus propiedades, resolución de ecuaciones y aplicaciones en la vida real. Estas funciones desempeñan un papel crucial en matemáticas y en campos como la física, la química, la biología, la economía y la ingeniería.

Capítulo 13

Aplicaciones del Álgebra en la Vida Cotidiana

El álgebra es una herramienta matemática esencial que se aplica en numerosos aspectos de la vida cotidiana. Desde la planificación del presupuesto familiar hasta la resolución de problemas en el trabajo y la toma de decisiones cotidianas, las habilidades algebraicas son fundamentales. A continuación, presentamos algunas aplicaciones comunes del álgebra en la vida cotidiana, junto con ejemplos y ejercicios para practicar:

13.1. Presupuesto Personal

Gestionar el dinero de manera efectiva es esencial para mantener un equilibrio financiero. Las habilidades algebraicas son útiles para crear presupuestos personales, realizar un seguimiento de los gastos, calcular los ingresos y los gastos, y tomar decisiones financieras informadas.

13.1.1. Ejemplo

Supongamos que tienes un salario mensual de 3000 dólares y tus gastos mensuales, que incluyen alquiler, comida y transporte, suman 2000 dólares. Utiliza el álgebra para determinar cuánto puedes ahorrar al mes.

Solución: Puedes usar una ecuación algebraica para calcular el monto ahorrado (S) al mes:

$$S = \text{Ingresos} - \text{Gastos} = 3000 - 2000 = 1000 \text{ dólares al mes}$$

Entonces, puedes ahorrar 1000 dólares al mes.

13.1.2. Ejercicio

Si tus ingresos mensuales son de 4000 dólares y tus gastos son de 2800 dólares al mes, ¿cuánto puedes ahorrar al mes?

13.2. Compras y Descuentos

Al hacer compras, especialmente durante las rebajas o con cupones de descuento, se utilizan habilidades algebraicas para calcular el costo real de un artículo, aplicar descuentos y comparar ofertas.

13.2.1. Ejemplo

Si un artículo tiene un precio original de 80 dólares y se ofrece con un descuento del 20 %, utiliza el álgebra para calcular el precio de venta.

Solución: Puedes utilizar una ecuación algebraica para encontrar el precio de venta (P):

$$P = \text{Precio Original} - (\text{Descuento} \cdot \text{Precio Original})$$

$$P = 80 - (0{,}20 \cdot 80) = 80 - 16 = 64 \text{ dólares}$$

El precio de venta es de 64 dólares.

13.2.2. Ejercicio

Si un artículo tiene un precio original de 120 dólares y
se ofrece con un descuento del 30 %, ¿cuál es el precio de
venta?

13.3. Problemas de Viaje

Cuando planificas un viaje, el álgebra es útil para calcular
distancias, tiempos de viaje, velocidades y gastos relacionados con el transporte y el alojamiento.

13.3.1. Ejemplo

Supongamos que deseas calcular cuántos galones de gasolina necesitas para un viaje por carretera. La distancia entre
dos ciudades es de 300 millas, y tu automóvil promedia 30
millas por galón de gasolina. Utiliza el álgebra para estimar
la cantidad de combustible necesaria.

Solución: Puedes usar una ecuación algebraica para calcular la cantidad de gasolina necesaria (G):

$$G = \frac{\text{Distancia}}{\text{Consumo de gasolina por milla}}$$
$$= \frac{300 \text{ millas}}{30 \text{ millas por galón}}$$
$$= 10 \text{ galones}$$

Necesitarás 10 galones de gasolina para el viaje.

13.3.2. Ejercicio

Si la distancia entre dos ciudades es de 450 millas y tu automóvil promedia 25 millas por galón de gasolina, ¿cuántos
galones de gasolina necesitarás?

13.4. Tiempos y Calendarios

El álgebra se utiliza para programar eventos, calcular el tiempo transcurrido y trabajar con calendarios. También es útil para resolver problemas relacionados con la planificación del tiempo.

13.4.1. Ejemplo

Supongamos que deseas organizar un evento a las 6 p.m. y necesitas 2 horas para prepararte y viajar al lugar del evento. Utiliza el álgebra para determinar a qué hora debes empezar a prepararte.

Solución: Puedes utilizar una ecuación algebraica para encontrar la hora de inicio (H):

$$H = \text{Hora del Evento} - \text{Tiempo de Preparación}$$
$$= 6 \text{ p.m.} - 2 \text{ horas}$$
$$= 4 \text{ p.m.}$$

Debes empezar a prepararte a las 4 p.m.

13.4.2. Ejercicio

Si tienes una reunión importante a las 9 a.m. y necesitas 1,5 horas para llegar al lugar de la reunión, ¿a qué hora debes salir de casa?

13.5. Mezcla y Cocina

Incluso en la cocina, el álgebra juega un papel importante al ajustar recetas, calcular proporciones de ingredientes y determinar el tiempo de cocción.

13.5.1. Ejemplo

Si estás siguiendo una receta que indica que necesitas 2
tazas de azúcar para hacer galletas y deseas hacer la mitad
de la receta, utiliza el álgebra para calcular la cantidad de
azúcar necesaria.

Solución: Puedes usar una ecuación algebraica para encontrar la cantidad de azúcar necesaria (A):

$$A = \frac{\text{Cantidad original de azúcar}}{2} = \frac{2 \text{ tazas}}{2} = 1 \text{ taza}$$

Necesitas 1 taza de azúcar.

13.5.2. Ejercicio

Si una receta de pastel requiere 3 tazas de harina y deseas hacer un tercio de la receta, ¿cuántas tazas de harina
necesitas?

13.6. Resumen

El álgebra es una herramienta poderosa que se aplica en
muchas situaciones de la vida cotidiana. Desde la gestión
financiera hasta la planificación de viajes y la preparación
de comidas, las habilidades algebraicas son fundamentales
para tomar decisiones informadas y resolver problemas de
manera eficiente. En este capítulo, hemos explorado diversas aplicaciones del álgebra en la vida cotidiana, junto con
ejemplos y ejercicios para practicar. En los capítulos posteriores, profundizaremos en conceptos más avanzados del
álgebra y su aplicación en una variedad de contextos.

Capítulo 14

Números Complejos: Una Introducción

En este capítulo, exploraremos en profundidad el concepto de números complejos. Los números complejos son una extensión de los números reales que incluye números imaginarios y son fundamentales en muchas áreas de las matemáticas y la física. Comenzaremos con una introducción y luego nos sumergiremos en operaciones, representación gráfica y aplicaciones de los números complejos.

14.1. Introducción a los Números Complejos

Los números complejos son una extensión de los números reales que incluye números imaginarios. Un número complejo se expresa generalmente en la forma $a + bi$, donde a es la parte real, b es la parte imaginaria y i es la unidad imaginaria, que se define como $\sqrt{-1}$. Aquí, a y b son números reales.

- a es la parte real del número complejo.

- b es la parte imaginaria del número complejo.
- i es la unidad imaginaria, que satisface $i^2 = -1$.

Los números complejos son especialmente útiles para representar cantidades en movimiento o fluctuantes, como ondas, campos eléctricos y más.

14.2. Operaciones Básicas con Números Complejos

Al igual que los números reales, los números complejos admiten operaciones matemáticas básicas. Veamos cómo funcionan estas operaciones con números complejos en detalle.

14.2.1. Suma y Resta

La suma y resta de números complejos se realizan sumando o restando las partes reales e imaginarias por separado.

14.2.2. Ejemplo

Sumemos los números complejos $z_1 = 2 + 3i$ y $z_2 = 1 - 2i$.

$$z_1 + z_2 = (2 + 3i) + (1 - 2i) = (2 + 1) + (3i - 2i) = 3 + i$$

14.2.3. Multiplicación

La multiplicación de números complejos se realiza utilizando las reglas de los productos notables y teniendo en cuenta que $i^2 = -1$.

14.2.4. Ejemplo

Multipliquemos los números complejos $z_1 = 2 + 3i$ y $z_2 = 1 - 2i$.

$$z_1 \cdot z_2 = (2+3i)(1-2i) = 2-4i+3i-6i^2 = (2+6)+(-4+3)i = 8-i$$

14.2.5. División

La división de números complejos se realiza multiplicando el numerador y el denominador por el conjugado del denominador.

14.2.6. Ejemplo

Dividamos los números complejos $z_1 = 2 + 3i$ y $z_2 = 1 - 2i$.

$$\frac{z_1}{z_2} = \frac{2+3i}{1-2i} \cdot \frac{1+2i}{1+2i} = \frac{(2+3i)(1+2i)}{1-(2i)^2} = \frac{2+4i+3i+6i^2}{1+4} = \frac{8-i}{5}$$

14.3. Conjugado de un Número Complejo

El conjugado de un número complejo $a + bi$ se obtiene cambiando el signo de la parte imaginaria, es decir, $a - bi$. El conjugado de un número complejo es importante en la división y en la representación gráfica.

14.4. Representación Gráfica

Los números complejos pueden representarse en un plano complejo conocido como el "plano de Argand.° "plano complejo". En este plano, el eje horizontal representa la parte real, y el eje vertical representa la parte imaginaria de un número complejo. Cada número complejo se ubica en este plano como un punto.

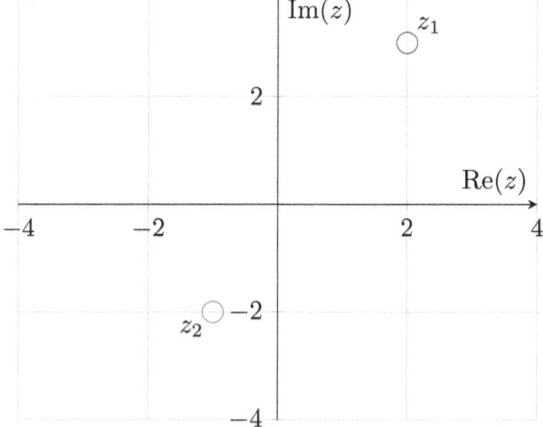

Este plano permite visualizar números complejos y operaciones, como la suma y multiplicación, de manera geométrica.

14.5. Forma Polar de Números Complejos

La forma polar de un número complejo $a + bi$ se expresa en términos de su magnitud (módulo) r y su argumento (ángulo) θ. La forma polar se denota como $r\text{cis}(\theta)$, donde $\text{cis}(\theta)$ es una notación abreviada que se basa en la función exponencial compleja $e^{i\theta}$.

$$r\text{cis}(\theta) = r(\cos\theta + i\sin\theta)$$

Esta forma es útil para la multiplicación y división de números complejos.

14.6. Aplicaciones de los Números Complejos

Los números complejos tienen una amplia variedad de aplicaciones en matemáticas, física e ingeniería. Se utilizan para representar fenómenos ondulatorios, modelar sistemas eléctricos, resolver ecuaciones algebraicas y más. También son fundamentales en la teoría de números, la mecánica cuántica y la teoría de control.

14.7. Resumen

Los números complejos son una extensión de los números reales que incluye números imaginarios. Se expresan en la forma $a + bi$, donde a es la parte real, b es la parte imaginaria y i es la unidad imaginaria. Los números complejos admiten operaciones matemáticas básicas y pueden representarse gráficamente en un plano complejo. Además, la forma polar es útil para ciertas operaciones. Los números complejos desempeñan un papel importante en diversas áreas de las matemáticas y la física. En los capítulos posteriores, exploraremos propiedades y aplicaciones más avanzadas de los números complejos.

Bibliografía

1. **Artin, M.** (2011). *Álgebra*. Pearson.

2. **Leon, S. J.** (2014). *Álgebra Lineal con Aplicaciones*. Pearson.

3. **Beardon, A. F.** (2005). *Álgebra y Geometría*. Cambridge University Press.

4. **Strang, G.** (2016). *Introducción a las Matemáticas*. Wellesley-Cambridge Press.

5. **McKeague, C. P.** (2012). *Álgebra Intermedia*. Cengage Learning.

6. **Sterling, M. J.** (2016). *Álgebra para Dummies*. For Dummies.

7. **Stewart, J., Redlin, L., & Watson, S.** (2015). *Precalculus*. Cengage Learning.

8. **Larson, R., & Falvo, D. C.** (2018). *Elementary Linear Algebra*. Cengage Learning.

9. **Beecher, J. A., Penna, J. A., & Bittinger, M. L.** (2014). *College Algebra*. Pearson.

10. **Goodman, F. M.** (2009). *Algebra: Abstract and Concrete*. American Mathematical Society.

11. **Hungerford, T. W.** (2012). *Álgebra Abstracta*. Springer.

12. **Lang, S.** (2002). *Álgebra*. Springer.

13. **Serge Lang.** (2005). *Álgebra Lineal*. Springer.

14. **Axler, S.** (2015). *Álgebra Lineal y sus Aplicaciones*. Cengage Learning.

15. **Golan, J. S.** (2013). *Álgebra Lineal*. Springer.

Índice Alfabético

www.ingramcontent.com/pod-product-compliance
Lightning Source LLC
Chambersburg PA
CBHW020542290526
45786CB00002B/1003